ENCYCLOPÉDIE-RORET.

LAITERIE.

MANUELS-RORET.

NOUVEAU MANUEL COMPLET

DE

LA LAITERIE,

OU

TRAITÉ ANALYTIQUE ET CRITIQUE

De toutes les Méthodes adoptées ou proposées pour le gouvernement de la Laiterie ; avec l'indication des moyens les plus simples et les plus certains de tirer parti du lait des animaux domestiques, de faire le beurre, de confectionner les fromages, et d'assurer la longue prospérité de cette branche importante de l'économie rurale ;

PAR ARSENNE **THIÉBAUT-DE-BERNEAUD.**

Ouvrage orné de figures.

PARIS,

A LA LIBRAIRIE ENCYCLOPÉDIQUE DE RORET,

RUE HAUTEFEUILLE, 10 BIS.

1842.

« Les arts servent toutes voirement en quelque manière à l'instruction de nostre vie et à son usage, comme toutes aultres choses
y servent en quelque manière aussi ; mais choisissons celle qui y
sert directement et professoirement. »

MONTAIGNE, *Essais*, liv. 1, chap. 25.

« Bien que la redicte d'une mesme chose ait accoustumée d'estre
importune et ennuyeuse, et qu'à grande peine l'on puisse rien
dire qui n'ait ja esté dict ; ores mesme qu'il soit couché en aultres
termes, rien n'empesche de mettre la main à la plume pour traicter
la mesme chose, sans craindre d'estre repris d'avoir travaillé en
vain. »

OLIVIER DE SERRES, préface à son *Théâtre d'Agric.*

AVANT-PROPOS.

—

L'ouvrage que je publie aujourd'hui est le complé-
ment nécessaire de mon *Manuel du Cultivateur;* après
avoir, pour ainsi dire, écrit le livre d'éducation des animaux domestiques, il m'a semblé utile, indispensable,
de parler en détail de celle des productions les plus importantes, comme aliment, que nous offrent les femelles
de nos premiers mammifères. J'ai entrepris cette tâche,
et l'ai amenée à sa fin : puisse-t-elle l'être au gré de
ceux pour qui j'ai pris la plume !

Je n'ai point, à l'instar du plus grand nombre de mes
devanciers (1), copié les livres anglais, ni limité mon

(1) Nous n'avons encore de positivement original et de vraiment
français sur cette matière, que le savant et curieux travail de
Parmentier et Deyeux, lequel date de 1790 ; il fut d'abord intitulé : *Mémoire sur cette question : Déterminer, par l'examen com-
paré des propriétés physiques et chimiques, la nature des laits de
femme, de vache, de chèvre, d'ânesse, de brebis et de jument;*
Paris, in-8 ; puis augmenté de nouvelles recherches sous celui de
*Précis d'expériences et d'observations sur les différentes espèces
de lait, considérées dans leurs rapports avec la chimie, la médecine et l'économie rurale.* Strasbourg, 1799, in-8.

plan à faire connaître les pratiques étrangères, j'ai considéré mon pays, je me suis constitué l'historien de ses procédés ; j'ai détaillé les bons, j'ai critiqué les mauvais, et corrigé ceux qui n'étaient que vicieux en certaines parties. J'ai emprunté aux autres nations ce que la France pouvait leur enlever en le perfectionnant, ou du moins en l'adaptant à ses diverses localités. Chemin faisant *et par surcroist,* comme dit Olivier de Serres, *j'ai adjousté le jugement de ma propre expérience;* j'ai donné des conseils, j'ai redressé des torts, non en pédagogue présomptueux, mais en ami des hommes, en père de famille, en citoyen dévoué par sentiment aux intérêts de sa patrie, jaloux de la voir conserver sa haute supériorité et donner de nouveaux alimens à sa prospérité. Le tems, le zèle des uns, les vues plus étendues des autres, les progrès de la science achèveront mon ouvrage. Je souhaite que mes jours se prolongent encore assez pour en recueillir la douce certitude.

Si j'ai répété ce que de savans agronomes ont vu et dit avant moi, c'est que les faits présens à mes yeux l'inspiraient, et qu'il était impossible de ne pas se rendre à la nécessité ; mais j'affirme n'avoir fait aucun emprunt positif sans citer à qui je le devais. Permis à chacun d'écrire, mais ravir aux autres ce qui leur appartient en propre, est un vol manifeste que je suis in-

capable de commettre (1). L'exemple honteux des fa-
voris du jour ne me séduira jamais. Les œuvres de ma
plume et de mes investigations ne dessécheront point
l'herbe modeste qui couvrira ma dernière demeure,
comme ils ne porteront aucune atteinte au nom sans
tache que j'ai reçu de mes pères.

ARSENNE THIÉBAUT-DE-BERNEAUD.

Paris, le 15 décembre 1841.

(1) Je ne signalerai point ici les geais qui se sont parés des plumes
du paon. En remontant aux sources, on les reconnaîtra tout aussi
bien que moi. Je cite les véritables auteurs, et non pas leurs ser-
viles copistes.

SOMMAIRE

ET

PLAN DE L'OUVRAGE.

—

MANUEL

DE LA

LAITERIE.

~~~~~~~~~~~~~~~~~~o~~~~~~~~~~~~~~~~~~

CHAPITRE PREMIER.

—

APERÇU GÉNÉRAL SUR LES LOCALITÉS OU L'ON S'OCCUPE
DES VACHES LAITIÈRES.

Sur le sommet herbeux de nos plus hautes montagnes,
nous voyons de petits édifices, rustiques manufactures,
où la main industrielle de quelques familles, entourées
de nombreux troupeaux, et, durant quatre ou cinq
mois de l'année (du 15 mai à la fin de la première décade d'octobre) occupées à la garde des vaches laitières,
à les traire et à faire subir au lait qu'ils en obtiennent
des préparations plus ou moins longues, mais toutes régulières, auxquelles on a donné le nom de *Beurre* et de
Fromage.

Mélange étonnant de la nature sauvage et de la nature cultivée, ces petits bâtimens sont connus sous la
dénomination de *Châlets;* cependant ce mot change sui-
~~~~~~~~~~~~~~~~~~

vant les localités : ainsi, par exemple, sur les Vosges on les appelle *Markairerie ;* dans le département de la Haute-Saône, sur les ballons de Lure, de Servance et de Vannes, *Fruitière* (1); dans le Doubs et le Jura, *Vacherie* et *Fromagerie ;* sur nos Alpes et en Suisse, *Grange* et *Châlet ;* dans le Puy-de-Dôme et le Cantal, *Buron ;* sur les Cévennes, *Cave* et *Grotte;* partout ailleurs *Laiterie,* qu'elle soit attenant à l'habitation du fermier, comme dans les pays de grande culture, ou placée dans les basses-cours des maisons de campagne, ou bien encore en un bâtiment distinct, dans une fabrique au milieu du parc pour les établissemens somptueux.

Les pâturages environnant le châlet, appelés *chaumes* dans nos Vosges, sont des prairies de peu d'étendue, hautes, permanentes, qui donnent trois coupes : la première, au mois de juin, fournit une herbe d'un mètre de haut, où l'ivraie vivace, *lolium perenne,* abonde (2), la seconde, extrêmement touffue, se fait deux mois après (3), et la troisième à la fin de septem-

(1) Mot impropre, puisqu'il donne une tout autre idée que celle d'une laiterie.

(2) C'est la plante que nos agronomes anglomanes et les marchands grainetiers, pour mieux tromper, s'entêtent à désigner sous le nom barbare de *ray-grass.*

(3) Cette seconde coupe se nomme *le regain;* le foin qu'elle donne est plus doux que celui de la première ; il est aussi plus favorable à la sécrétion du lait qu'il augmente en qualité et en quantité. J'explique ainsi ce phénomène : la sève, mieux élaborée par les stomates et les racines, pénètre plus promptement les vaisseaux de la plante, et les nourrit plus substantiellement.

bre ou tout au commencement d'octobre , peu de tems avant le départ des vaches et de leurs conducteurs. En ces deux dernières coupes , c'est le trèfle de montagnes, *trifolium montanum,* qui domine.

Les autres herbes constituant les pâturages des châlets sont, parmi les meilleures graminées, les paturins ou poas, les fetuques, l'alpiste, *phalaris picta,* les panis, la fléole , *phleum pratense,* les brômes, le dactyle , *dactylis glomerata,* les avoines , les conches ou aira , les agrostis, etc. ; diverses labiées : la carotte , le boucage, *pimpinella magna,* l'herbe au lait, *polygala vulgaris,* la spargoute, *spergula arvensis;* parmi les légumineuses : le trèfle grêle , *trifolium gracile,* le mélilot doré , *melilotus officinalis,* la vesce sauvage, *vicia cracca,* le fenu grec, *trigonella fœnum græcum,* les lotiers, les gesses, ainsi que le laitron aux fleurs jaunes, *sonchus arvensis,* et plusieurs autres végétaux excellens , recherchés avec une sorte d'avidité par tous les bestiaux. On a grand soin d'arracher les plantes nuisibles, surtout celles qui sont acides, parce qu'elles peuvent nuire à la qualité du beurre. Cette attention est surtout remarquable sur les chaumes des Vosges et sur les Alpes : aussi le lait y est-il parfait.

Une grande variété règne en ces lieux élevés ; l'œil y plane sur d'immenses espaces nus et boisés , où le vert brillant de la saison printanière se marie , à quelques mètres de distance, aux fleurs et aux fruits de l'été, aux teintes pâles et jaunissantes de l'automne, aux frimas de l'hiver le plus rude; où toutes les illusions de l'optique changent à chaque instant de face, selon les différens accidens de lumière; où tout se fuit et se rapproche, où tous les sentimens grandissent enfin et participent de l'inaltérable pureté des régions élevées que l'on touche, pour ainsi dire, de la main. En effet, je n'ai vu nulle part, durant mes longues excursions, l'union de la famille plus intime, l'hospitalité plus cordiale, l'amitié plus sincère, ni l'amour du pays mieux senti.

Si de ce spectacle ravissant, qui tient l'ame dans une situation douce et bienfaisante, on arrête ses regards sur les gardiens des troupeaux et sur les troupeaux eux-mêmes, le cœur et l'esprit sont également satisfaits. Je dirai plus, on y reçoit une leçon de franchise et d'humanité que j'aimerais à retrouver dans les plaines et plus particulièrement dans nos cités populeuses, où le luxe, l'égoïsme et les autres mauvaises passions sollicitent tant de désordres. Au châlet, les pâtres ne font jamais usage du fouet ou de l'aiguillon, ils sont autant les amis de leurs maîtres que ceux des animaux confiés à leur garde; ainsi que nous l'avons observé dans la Saxe, durant les vacances de 1812, ils n'ont aucun appointement, mais un bénéfice leur est accordé sur le produit du troupeau, ce qui les intéresse à la parfaite tenue, à la conservation et, par conséquent, à la plus grande prospérité des animaux : leur mieux-value augmente d'autant les avantages qu'ils attendent et qu'ils retirent de leur profession. Je dois aussi louer leur probité , la régularité de leurs mœurs , et l'exactitude religieuse à leurs devoirs.

A leur tour, ils sont puissamment secondés par les chiens de montagne qui vivent avec eux. Cette variété du chien de berger que nous voyons dans les plaines , régner à la tête et sur les flancs des troupeaux , s'en distingue par des qualités essentielles que j'ai pris plaisir à bien étudier et qu'il est bon de signaler ici. Le chien de montagne a la robe brune , épaisse , bien fournie ; la tête forte , le front large , le cou gros ; ses yeux et ses narines sont noirs, ses lèvres d'un rouge obscur ; ses grandes jambes présentent des doigts écartés , terminés par des ongles durs et courts. Il est vif, hardi, très entreprenant et ne redoute point le loup le plus vigoureux. Il signale d'abord son approche par des aboiemens prolongés , puis il court au-devant de lui , l'attaque avec vigueur, le force à fuir s'il ne le déchire et ne l'épuise par ses coups de dents et d'ongles. Lorsqu'il est armé de son collier de fer , garni de pointes aiguës , il triomphe constamment de la voracité du loup devenu de plus en plus furieux. Je me souviendrai toujours avoir vu au ballon des Chaumes , département des Vosges , un semblable combat , au mois de juillet 1791. Ce combat fut long et plus d'une fois indécis, à cause des ruses mises en jeu par les deux ennemis. Le loup , quoique dangereusement blessé, allait échapper par une fuite précipitée, caché derrière un massif de hautes sapinettes ; mais le chien, qui ne le perd point de vue, sut le doubler à l'entrée du défilé dans lequel il allait se jeter ; il l'attaque de nouveau, se rue sur lui avec rage, la vue du sang que le loup répand incessamment triple ses efforts ; enfin la victoire est à lui, son adversaire tombe mort. Le chien, rempli de joie, revint aussitôt auprès du pâtre qu'il obligea, pour ainsi dire, à venir constater le fait ; de retour, il fut récompensé par de nouvelles caresses et par un morceau de pain bis qu'il mangea avec calme et délices.

Une autre fois, en septembre 1794, sur ces mêmes montagnes des Vosges où j'ai passé mes jeunes années, où j'ai appris à lire dans le grand livre de la nature, et à aimer les hommes industrieux qui peuplent les beaux villages échelonnés sur ces chaines mamelonnées, dans ces riches vallées si belles de leurs excellens pâturages et de leurs antiques forêts ; une autre fois, dis-je, après avoir visité le lac blanc et le lac noir, enfermés l'un et l'autre par une haie de hauts rochers formant la bouche de deux très anciens volcans, j'atteignis le sommet du mont Reisberg, d'où l'on embrasse toute la vallée de Munster (département du Haut-Rhin), l'une des plus renommées des Vosges par ses sites gracieux et par l'excellente qualité de ses fromages. Sur ce vaste plateau, très élevé, tout couvert de bruyères ciliées, aux grandes fleurs purpurines, j'ai vu, durant la nuit, les bœufs et les vaches se tenant couchés, les plus âgés formant le premier rang d'un grand cercle, têtes en avant, au centre duquel étaient les jeunes et les femelles pleines. Au signal d'un danger, tous se levèrent spontanément, le cercle se rétrécit, tous les individus se pressèrent et présentèrent une ligne formidable de cornes. Dès que l'ennemi s'approcha, un mugissement terrible se fit entendre, il remplit jusqu'aux anfractuosités dés rochers les plus éloignés; les échos le répétèrent longuement. Ce bruit avait quelque chose de sinistre, que le lieu de la scène et le demi-crépuscule rendaient plus déchirant encore. Il retentissait toujours à mes oreilles, lorsque je vis accourir de tous les points les bœufs et les vaches les plus intrépides des chaumes voisins ; on cerna l'assaillant avec fureur, on se lança sur lui, et, comme les moyens de fuir lui étaient ôtés par les nouveaux venus, il lui fallut lutter avec la certitude de succomber, il lui fallut être mis en pièces et sentir ses derniers lambeaux foulés aux pieds. L'expédition terminée, chacun alla reprendre sa place sans que les pâtres ou les chiens eussent eu besoin de s'en mêler aucunement. Leur présence et leurs cris avaient servi à exciter de plus en plus le courage des combattans et à multiplier les actes d'intrépidité.

En Suisse, surtout dans le canton d'Appenzell, les vaches qui se sont éloignées du troupeau, reviennent en toute hâte dès qu'elles entendent le *locklen*, ou chant de leurs gardiens : c'est une espèce particulière de ranz que j'ai eu le plus grand plaisir, en 1792, d'écouter chanter par les femmes de la partie méridionale de ce canton. Elles ont l'organe clair, sonore, faisant bien sentir les aspirations gutturales et toutes les inflexions de la voix.

J'ai aussi, dans ce pays gracieux et sévère, été témoin du départ des vaches pour la montagne. Elles en témoignent leur joie aussi vivement que les pâtres eux-mêmes. Elles s'y rendent dans un ordre admirable ; en tête marche le maître du châlet et ses fils chantant le ranz ; ils ont un gilet en drap rouge, un pantalon de coutil, les bras nus, et le chapeau à trois cornes chargé de bouquets et de rubans. Sur l'épaule gauche le chef porte un seau à traire neuf, orné de ciselures. Derrière eux vient la *Sonnail-liré* ou vache conductrice, dont le cou est armé d'un large collier en cuir noir, plus ou moins orné, auquel est appendue une clochette ; puis quelques chèvres, ordinairement blanches et sans cornes ; après elles un jeune valet portant la sellette à traire, enfin tout le troupeau, qui s'avance à la file. La marche est fermée par d'autres valets chargés des bagages et des ustensiles de la laiterie.

Assistons à leur retour. A ce sujet, je raconterai la scène touchante qui se passa sous mes yeux à la fin d'octobre et au commencement de novembre 1799, dans les vallées agrestes qui descendent des Alpes sur les lacs pittoresques de Como et de Lugano en Lombardie. Les vaches, parties du pays aux premiers beaux jours du printems, quittaient les chaumes et le châlet que le froid allait, pour six mois, dépouiller de leur tapis de verdure et cacher sous un lourd manteau de neige. Elles revenaient à l'étable, la tête chargée de rubans et des derniers rameaux feuillus de la montagne. Au premier tintement perceptible de la clochette appendue au cou de la vache conductrice, la vallée s'anime d'un mouvement extraordinaire ; les travaux se suspendent, femmes, enfans, vieillards, pauvres et riches, tous sortent de leurs habitations et marchent gaiment à la rencontre de leurs vaches ; ils les appellent par leurs noms et revoient en elles les compagnes fidèles de leurs longues journées d'hiver, les nourrices de la famille, l'espérance de leur avenir. Sensibles à cet accueil général, à cette ovation toute cordiale, les vaches accourent vers leurs amis en agitant la tête, en tenant la queue à demi relevée et courbée ; elles les saluent d'un mugissement de joie, et, flattées par toutes les voix, par toutes les mains, elles rentrent avec plaisir sous le toit rustique où les attendent de nouveaux soins. Les jeunes filles se montrent les plus empressées en ces instans de joie. La vache constitue le plus riche apport de leur dot ; la vache sera la base première de leur contrat, la ressource essentielle de leur ménage et des enfans auxquels elles sont appelées à donner le jour.

Si l'époque de la mauvaise saison est devancée par des froids intempestifs, et que les pâtres veuillent attendre le jour ordinairement fixé, un mouvement inquiet se manifeste dans tous les rangs, les vaches s'isolent les unes des autres et font entendre de longs mugissemens : on dirait un vaste ouragan envahissant toute la montagne. Chaque jour, à chaque heure, elles deviennent de plus en plus tristes, elles tiennent la tête baissée vers la terre, et ne la relèvent que pour mugir toutes ensemble et porter leurs regards vers les lieux où se trouvent leurs étables. Durant ce paroxisme, gardes et chiens doivent redoubler de vigilance, car il n'est point rare de voir quelques vaches, les plus entreprenantes, s'échapper et prendre la fuite à toutes jambes. Mais bientôt les frimas s'annoncent, la neige tombe, on presse l'instant du départ ; la scène change, l'étincelle électrique ranime tous les cœurs, on se met en route. La joie brille partout, chaque vache reprend son regard satisfait ; elles portent la tête haute, et si elles font entendre quelques mugissemens, ils sont l'expression du plaisir, qui grandit à mesure que le chemin s'abrège.

Je terminerai le récit de ces faits, sans aucun doute recueillis par d'autres aussi bien que par moi ; je terminerai ce récit sommaire de la vie du châlet par une réflexion qui coule du sujet lui-même ; elle frappera mon lecteur comme elle m'a toujours frappé : l'orgueil humain doit s'humilier et cesser de refuser aux animaux ces élans du sentiment qui les élèvent jusqu'à nous, et les rendent si dignes en même tems de nos égards et de notre reconnaissance.

CHAPITRE II.

—

DE LA VACHE LAITIÈRE ET DES SOINS QU'ELLE RÉCLAME.

Entrons en matière. Occupons-nous d'abord de la vache, que nous devons uniquement considérer comme fabrique importante du lait. Je ne répéterai point ce que j'ai dit de cet animal en mon *Manuel du Cultivateur français* de l'*Encyclopédie-Roret*, on me permettra d'y renvoyer le lecteur ; l'histoire particulière de la vache n'entre point aujourd'hui dans le plan de mon nouvel ouvrage, je dois me limiter à la *vache laitière*.

DU CHOIX DE LA GÉNISSE. — La génisse que l'on destine à le devenir se choisit parmi celles qui naissent en mars ou bien en avril, et qui proviennent d'une mère de bonne espèce, saine et riche en lait. Ce n'est pas, comme l'a dit notre illustre maître et ami Parmentier, à la beauté et à la régularité des formes qu'il faut s'arrêter, car les meilleures vaches laitières sont souvent les plus mal tournées et les plus petites ; l'essentiel est qu'elle soit douce, vive et disposée à donner beaucoup de lait. Voici les règles à suivre pour l'amener à ce but.

On ne la laisse à sa mère que le tems nécessaire pour que le tube digestif, le petit et le gros intestin soient débarrassés de la matière noirâtre, épaisse et visqueuse qui les tapisse et que l'on désigne sous le nom de *meconium*, à moins que l'on ne veuille remplacer par des sirops purgatifs, des lavemens et même des bains tièdes, le *colostrum* ou premier lait séreux, jaunâtre, doux et légèrement sucré qui s'est amassé dans les glandes mammaires à mesure que le terme de la gestation approchait davantage. Aussitôt que cette évacuation est opérée (le deuxième jour après la naissance), et avant que le lait possède toutes les qualités qui le rendent assimilable et propre à l'alimentation, on nourrit la génisse au biberon durant les six premières semaines, en lui fournissant par repas deux litres de lait tiède pris sur sa mère ou sur une autre vache. Il convient de la tenir dans un local séparé, sain, bien clos. A six semaines elle commence à brouter ; on la mène alors aux champs, par une belle journée ; mais comme l'herbe nouvelle n'est pas encore assez nutritive, il vaut mieux différer et attendre qu'elle compte ses deux mois révolus avant de la priver d'une partie de son lait. Le fourrage sec ne lui convient point. Dès le quatrième mois, on peut additionner au lait la farine de maïs ou de la fécule de pommes de terre, pour le rendre plus substantiel ; il faut le faire avec discrétion et dans une sage progression : la brusquerie énerverait les facultés digestives.

CARACTÈRES D'UNE BONNE VACHE. — Du moment que

la chaleur se déclare, et c'est d'ordinaire au printems, vers son dix-huitième mois, que la génisse en donne les premiers signes; il convient, pour la conduire au taureau, attendre qu'elle ait atteint sa deuxième année. A cette époque, si le choix a été bien fait, elle offre un beau cou, un fanon qui bientôt, devenu pendant, s'étendra du menton jusqu'aux genoux, une tête légère, un peu alongée, munie de cornes fines peu longues, relevées et pointues; ses yeux sont vifs, ses jambes courtes et déliées; elle a les côtes élevées et rondes, les reins forts, les hanches carrées et égales, la queue haute et pendante au-dessous du jarret, les mamelles fines, amples, bien faites, peu charnues et point trop blanches. Sous un poil fin on lui trouve une peau mince, souple et moëlleuse. Son corps est gros, ramassé, le coffre large, des veines bien prononcées aux deux côtés du ventre, se font sentir sous les doigts qui les interrogent. La génisse ayant donc acquis toute la force de sa constitution, elle donne beaucoup de lait et fournit de bons élèves. Avant, son veau ne profiterait pas, le lait n'ayant pas assez de corps, et la mère est souvent blessée de manière à ne plus rien valoir.

Méfiez-vous de la génisse dont le caractère est inquiet, tracassier, turbulent, et chez qui la chaleur se manifeste tous les quinze jours, et plus encore si elle arrive tous les huit jours, car il est certain que l'animal demeurera infécond; préférez la génisse qui, durant la violence des désirs qu'elle témoigne, est toujours docile, montre que le vrai moment est arrivé par le gonflement de la matrice, la proéminence de la vulve et par l'écoulement d'une liqueur blanche et glaireuse.

COULEUR DU PELAGE. — En beaucoup de localités on attribue une très grande importance à la couleur du pelage ; d'elle, ajoute-t-on, dépendent et la quantité et la qualité du lait : c'est une erreur d'autant plus remarquable, que nulle part on n'est d'accord sur la couleur qu'il faut préférer. Ici, l'on dit que ce sont les vaches noires, là les jaunes, plus loin les fauves, les brunes rayées ; dans le canton d'Appenzell en Suisse, ce sont les brunes très foncées ; ailleurs le poil rouge jouit de la plus haute réputation, etc. On ne sait point s'arrêter exclusivement à telle ou telle autre nuance, si l'on en excepte cependant la blanche qu'on n'aime nulle part. Il en est de même pour la stature de l'animal et le volume de ses mamelles : le pis ne présente souvent une certaine grosseur que parce qu'il est charnu. L'excellence de la génisse est, en un mot, et ce fait est positif, dans sa petite taille et sa parfaite constitution, dans la douceur de son caractère, dans les soins qu'on lui donne, dans le choix de sa nourriture, de son logement, et dans les habitudes qu'on lui impose : elle se laisse approcher volontiers et avec plaisir.

SIGNES TIRÉS DE LA QUEUE ET D'UN CREUX SOUS LE VENTRE. — N'attachez aucune importance aux caractères qu'on tire d'une queue longue , mince, descendant jusqu'à terre, ou bien de la présence d'un creux plus ou moins sensible que l'on aperçoit par fois sous le ventre : rien de plus trompeur.

SIGNES TIRÉS DES PARTIES SEXUELLES. — Dernièrement (en 1839 et 1840), on a vanté comme guide très certain un système de faits observés par un cultivateur de Libourne, département de la Gironde, (le nommé François Guénon), au moyen duquel, à la première inspection , il est facile de reconnaître sur une génisse quelconque, non seulement si elle sera bonne laitière, mais encore la qualité de son lait, la quantité qu'elle en fournira par jour, et combien de tems elle le conservera durant les premiers mois d'une nouvelle gestation. Une semblable découverte pouvant avoir des conséquences de la plus haute portée, je m'empressai de souscrire à l'ouvrage qui devait m'en instruire. Je sus bientôt que les signes annoncés consistent dans la présence de quatre mamelons parfaitement égaux (1) et d'un écusson plus ou moins large, plus ou moins régulier, placé à la partie inférieure du dos , différencié par la couleur , la grosseur ou la finesse du poil. Une portion de ce poil, le plus fin,

(1) Quand il arrive que ce nombre s'élève jusqu'à six , les deux moins longs ne fournissent d'ordinaire point de lait , selon l'auteur de la découverte. Si les mamelles sont inégales entre elles et n'ont qu'un seul mamelon, si le pis se montre chargé d'un poil gros et clair-semé , la génisse ne vaut rien , toujours selon Fr. Guénon ; il faut l'engraisser pour la boucherie.

s'élance du milieu des quatre mamelons , comme point de départ , et s'étend sous le ventre dans la direction du nombril ; puis s'élevant un peu au-dessus des jarrets, il déborde sur les cuisses pour remonter par derrière et se prolonger jusque sur la membrane de la vulve, laissant une teinte jaunâtre sur la peau, et tomber une sorte de son, de même couleur, sous le doigt qui le touche. De l'autre part, l'écusson s'échappe à la naissance de la queue qu'il suit jusqu'à l'extrémité du panache qui la termine. Ces signes offrent entre eux de si grandes différences, que pour les faire distinguer, il a fallu les diviser en huit classes renfermant chacune huit catégories particulières, avec trois degrés de proportion relativement à la quantité de lait à obtenir. Je les étudiai de suite et à plusieurs reprises dans le livre et sur la nature ; comme le jugement que je dois en porter ne répond nullement à l'heureuse idée que l'on m'en avait donnée, l'auteur et ses partisans pourraient m'accuser de partialité en ne faisant connaître qu'une faible partie de la prétendue découverte, je vais, le plus rapidement possible, indiquer chacune de ces huit classes, en copiant et citant textuellement les termes et les pages de la brochure que j'ai sous les yeux (1).

Les épis formés par le contre-poil à droite et à gauche de la vulve sont des caractères importans, dit Fr. Gué-

(1) Elle a pour titre : *Traité des vaches laitières* , in-8 de 115 pages et 10 planches lithographiées. Bordeaux , 1839.

non ; ils correspondent avec le sac ou réservoir du lait qui est placé dans l'intérieur du corps , ce sac a toujours un rapport admirable avec les épis (page 41). Quand l'écusson est grand , le réservoir du lait l'est également, et la sécrétion qu'il contient est fort abondante ; l'écusson se montre-t-il petit , le réservoir l'est aussi, son produit est alors inférieur (*ibid*). Selon la longueur et la largeur des épis, qui sont inégaux , on a des vaches franches ou bâtardes dans chaque classe , dans chaque section de classe (*ibid*). Sous la dénomination de *bâtardes* , Fr. Guénon n'entend point parler d'individus d'une origine suspecte, impure, de mauvais aloi, mais de vaches qui ne donnent du lait qu'autant qu'elles ne sont pas appelées à une nouvelle gestation (page 51).

Si les épis sont trop larges , ils chassent le lait et le font perdre du moment que la vache est pleine de nouveau ; la rapidité de cette perte dépend de la proportion de leur largeur. Les épis les plus longs sont les indicateurs d'une fuite plus prompte encore ; les épis les plus fins, formés d'un poil court et soyeux, sont les meilleurs; ceux d'un poil gros et hérissé, les plus mauvais : ils annoncent une très grande fuite du lait et même la présence d'un lait absolument séreux (page 41).

Les huit classes ont reçu des noms particuliers, auxquels Fr. Guénon donne une valeur arbitraire , sans étymologie positive, ni combinaisons scientifiques, ni rapports avec des mots semblables reçus (pag. 54) ; pour lui le nom n'est rien, la chose est tout (pag. 84) Nommons-les et disons ce qui les caractérise.

I. *Vaches flandrines*. Ces vaches sont les plus productives et les plus abondantes en lait. Chez elles le pis est fin, couvert d'un léger duvet qui remonte, à partir du milieu des quatre mamelons, dans toute l'étendue postérieure du pis, prenant en dedans et au-dessus des deux jarrets et des cuisses, et débordant à droite comme à gauche. Au-dessus des mamelons de derrière, elles ont en outre deux petits ovales formés par le poil descendant. La couleur est plus vive dans le poil ascendant que sur l'opposé. L'intérieur et le fond des cuisses, jusqu'à la vulve, sont jaunâtres avec plusieurs taches noires; le son qui s'en détache est de la même couleur et pulvérulent (pag. 41 à 55). Les individus de haute taille pèsent de 245 à 294 kilogrammes, et donnent vingt litres de lait par jour jusqu'à l'époque d'une nouvelle gestation. Ceux de moyenne taille pèsent de 147 à 196 kilog. et donnent seize litres par jour jusqu'au huitième mois de plénitude. Ceux de basse taille pèsent de 49 à 98 kilog., et fournissent régulièrement douze litres par jour jusqu'à la même époque (pages 41, 54, 58 et 60).

II. *Vaches à lisière*. Sur elles l'écusson est marqué par un poil disposé en forme de lisière (1) qui s'élève verticalement et se termine à la vulve sans aucune interrup-

(1) Sans aucun doute il faut dire *lanière* et non pas *lisière*.

tion de poil descendant ; le pis est fin, chargé d'un léger duvet ; l'écusson, de couleur jaunâtre, part du milieu des quatre mamelles, s'étend en dedans des cuisses, monte en débordant vers leur extrémité, et arrive verticalement à la vulve, où il se termine en affectant une largeur de quatre centimètres. Les vaches de haute taille de la deuxième classe donnent dix-huit litres de lait par jour et se maintiennent dans cette quantité, jusqu'à ce qu'elles soient pleines de huit mois. Celles de moyenne taille, quatorze litres par jour et durant le même espace de tems ; celles de basse taille, dix litres par jour, également jusqu'au huitième mois du nouveau fœtus (pag. 63, 67 et 68).

III. *Vaches courbe-lignes.* Cette classe est très nombreuse, elle offre un écusson imitant un lozange, formé par une double ligne courbe qui part de droite et de gauche, et se réunit, près de la vulve, à une distance de deux centimètres d'intervalle. Ces vaches ont encore la même finesse de pis, la même couleur de l'écusson et les deux petits ovales de poil descendant comme les précédens, mais il y a diminution sensible dans la production du lait. Les individus de haute taille donnent depuis trois jusqu'à dix-huit litres par jour, même arrivés au huitième mois de plénitude ; ceux de la moyenne taille de deux à quinze par jour durant le même espace, et ceux de basse taille de deux à douze litres par jour, (pag. 70, 73 et 74).

IV. *Vaches bicornes*. Ainsi nommées parce qu'elles portent, dans la forme de l'écusson, deux cornes par le haut et deux petites lignes à droite et à gauche de la vulve ; les vaches de cette classe offrent aussi les deux ovales des classes précédentes. Le son qui se détache de la peau est rougeâtre, tandis qu'il est jaunâtre sur toute la partie de l'écusson formé par le contre-poil. Les vaches bicornes de haute taille fournissent dans leur force de lait seize litres par jour, et seulement trois dès qu'elles ont reçu le mâle ; celles de moyenne taille quatorze et moins de trois du moment qu'elles ont conçu ; enfin celles de basse taille, onze litres par jour, souvent moins de deux, et d'ordinaire elles tarissent entièrement avec une nouvelle gestation (pag. 77, 81 et 82).

V. *Vaches poitevines*. Elles prennent leur dénomination de l'espèce de dame-jeanne ou de pot de vin qu'affecte l'écusson, lequel est de la couleur des premières sections des quatre précédentes classes ; il se termine carrément à un décimètre de la vulve. Au-dessus des mamelles de derrière il y a deux ovales formés d'un poil descendant ; puis à droite et à gauche de la vulve , deux petites bandes de poil montant, court, fin , très distinct du poil descendant. L'écusson s'abaisse de plus en plus à raison que l'on descend l'échelle des sections ; les ovales disparaissent , le poil des deux bandes vulvaires se hérisse et dénonce une dégénération positive. Les individus de haute taille fournissent de trois à seize litres par jour ; ceux de la moyenne, quatorze et moins de trois ; ceux de la basse, dix et un seul litre par jour, (pag. 84, 88 et 89).

VI. *Vaches équerrines*. Ce nom indique la forme de l'écusson dans la partie qui se rapproche de l'organe de la reproduction ; plus l'équerre en est voisin, plus la vache est réputée grande laitière ; la branche de l'équerre s'en éloigne-t-elle, le poil est-il hérissé, l'animal fournit peu ou point de lait. Les ovales sont petits, de couleur blanchâtre, et s'effacent à mesure que l'on se rapproche de la dernière section. Les vaches équerrines de haute taille descendent de seize à deux litres par jour, les moyennes de douze à moins de deux litres, les basses de neuf à moins d'un litre (pag. 91, 92, 94 et 95).

VII. *Vaches limousines*. Chez elles l'écusson se termine en pointe aiguë vers la vulve et est de même couleur que sur les précédentes. A droite et à gauche de la voie de la parturition on observe deux lignes de sept centimètres de long, sur un de large, et au-dessus des mamelles de derrière, deux ovales de poil blanc descendant dans celui qui remonte. Les vaches de haute taille de la septième classe rapportent d'abord quatorze litres par jour, mais elles diminuent cette quantité jusqu'à ne plus donner que deux litres par jour ; les moyennes varient de onze à deux, et les basses de huit à un. Le pis est fin, couvert d'un poil court et soyeux (pag. 98, 101 et 102).

VIII. Les *Vaches carrésines* prennent leur nom de leur

écusson, qui présente à peu près la figure d'un carré par le haut ; le son qu'il rejette est d'une couleur tantôt rouge et tantôt jaunâtre , et se détache de la peau sous forme de poussière. Le poil de l'écusson est court et fin, la peau satinée ; les deux lignes voisines de la vulve offrent un duvet blanchâtre , ainsi que les deux ovales ; les quatre mamelles se montrent parfaitement distinctes. Les vaches de haute taille donnent , au tems de leur abondance , douze litres par jour et descendent à deux ; celles de moyenne taille varient de neuf à deux , et celles de basse taille de six à moins d'un litre ; (pag. 105, 109 et 110).

Toute vache chez qui l'écusson porte un poil très fin , est de la plus haute qualité , surtout si elle a , depuis le dedans des cuisses jusqu'à la vulve , la peau et le son qui s'en détache de couleur jaunâtre (pag. 41). Les individus sur lesquels ces marques s'étendent jusqu'au panache du bout de la queue , et d'où s'échappe une poussière jaune , fournissent un lait très gras et butireux, quelle que soit la quantité qu'on puisse en obtenir chaque jour , et à quelque classe ou section qu'ils appartiennent (*ibid.*) Toutes les vaches dont la peau est unie et blanche , dont le pis est garni d'un poil clair et qui présentent sur l'écusson, le contre-poil des épis alongé, n'auront toujours qu'un lait séreux et maigre. Celles, au contraire , chez qui le pis est couvert d'un poil court et fourré , qui se retrouve dans les épis du contre-poil de l'écusson, produiront un lait gras et bon (pag. 42). Celles tenues dans d'excellens pâturages auront plus de lait, proportionnellement à leur classe et à leur section, que les vaches habituées sur des pacages maigres et aquatiques, à moins que celles-ci ne trouvent à l'étable une nourriture choisie, abondante et convenablement administrée (page 46). Les vaches qui mettent bas dans la belle saison, au printems par exemple, fournissent plus de lait que celles dont la parturition a lieu durant l'hiver (*ibid*); etc.

Ces caractères sont faciles à saisir, nous dit Fr. Guénon, cependant, selon qu'ils sont plus ou moins étendus ou réguliers en les huit classes, je trouve huit sections pour chacune, et par conséquent soixante-quatre divisions, dont le nombre total s'élève à cent quatre vingt-douze, si je veux les suivre dans les trois degrés que détermine la taille des vaches. Ce n'est pas tout encore, il me faut de plus apprendre à distinguer les vaches bâtardes de l'auteur et les variations et nuances de variations que les écussons éprouvent quand le croisement des classes améliore ou bien altère la couleur, la taille et le produit. Pour peu que l'on réfléchisse à toutes les connaissances acquises jusqu'à présent en physiologie et en hygiène, il est impossible d'admettre des règles aussi rigoureuses, des formules aussi tranchées que celles établies par Fr. Guénon. Les problèmes les plus simples en apparence se compliquent singulièrement dans leur application, et plus encore quand les exceptions sont nombreuses et variables sur chaque individu. La pratique peut procurer à l'œil une certaine perspicacité plus ou moins profonde; elle peut bien, quand elle observe attentivement et avec une minutieuse investigation, découvrir des moyens d'appréciation que la pratique vulgaire, que la routine, devais-je dire, est loin de soupçonner; mais quand il faut traduire en certitude les faits recueillis, quand on appelle la science à juger des moyens employés, découverts, perfectionnés par l'habitude, il faut qu'ils aient une signification positive et nette, qu'ils soient saisissables sur toutes les faces, qu'ils soient constamment les mêmes, qu'ils répondent sans ambiguïté, sans exception aucune aux exigences de l'homme froid et impartial. Eh bien! je dois le dire hautement, c'est là précisément l'écueil où la gondole, si bien pavoisée, de Fr. Guénon, est venue se briser à mes yeux.

Des expériences ont été faites à Aurillac, à Bordeaux, à Rozoy; elles ont beaucoup exalté la méthode nouvelle, mais, soumises à une juste critique, elles se sont montrées irrégulières et fort peu satisfaisantes. D'autres expériences ont eu lieu à l'école vétérinaire d'Alfort, aux vacheries de Grignon et de Rambouillet, je les ai répétées moi-même sur plusieurs grands troupeaux, aux environs de Paris, dans les départemens de l'Aisne, de Seine-et-Marne et de Seine-et-Oise; les unes et les autres ont dépouillé de leur pompeuse annonce la majeure

partie des certitudes que donnait le livre de Fr. Guénon.
Et lorsque les divers signes que j'ai textuellement rap-
portés ont été pris l'un après l'autre, mis en regard les
uns des autres et scrutés au grand jour, ils ont subi des
modifications si tristes que, sur 174 épreuves, Fr. Guénon s'est trompé 152 fois plus ou moins grossièrement
aussi bien avant qu'après le vélage ou au moment même
d'une parturition régulière. Le hasard seul, et non pas
les règles par lui établies, l'a servi heureusement vingt-
deux fois.

Cependant, il serait possible que le système proposé
par le cultivateur libournais renfermât un ou deux faits
vrais, puisque le commerce des vaches est la spécialité
de Fr. Guénon ; mais le secret qu'ils voilent est encore
à soulever : c'est un champ d'observations à exploiter.
Il faut, pour y recueillir avec fruit, partir des caractères
indélébiles de la constitution générale et normale, de
l'influence exercée par la nature du régime alimentaire
et hygiénique, ainsi que par l'action non moins puissante d'une vie passée à l'étable ou d'une pâture prise
en plein air, de la construction et bonne tenue des habitations, etc., etc. Il faut aussi remarquer ces deux
points : 1° une vache, que l'on trait trois fois par jour,
donne plus de lait que celle à qui l'on en demande
seulement deux fois ; 2° la stabulation continue, diminue notablement la quantité du lait, tandis que cette
quantité grandit d'une manière fort sensible dès la pre-

mière sortie des vaches, aux belles journées du printems.

C'en est assez sur cette théorie jusqu'ici hasardée, continuons à nous rendre compte des erremens adoptés pour le choix des vaches-laitières: aucun ne doit échapper à nos investigations, si nous voulons nous instruire, si nous voulons substituer des principes incontestables, des vues solides aux préjugés, à l'esprit de routine et d'ignorance.

QUELLES SONT LES VACHES A PRÉFÉRER. — Et d'abord est-il bien vrai, aux yeux d'une politique saine, essentiellement nationale, qu'il soit de l'intérêt absolu de notre agriculture de préférer les races suisses des hauts sommets, comme possédant uniquement toutes les qualités indispensables à la vache laitière? Je me permettrai de ne point partager une pareille opinion et même de la regarder comme erronée. Sans doute, lorsqu'il s'agit de rehausser, avec certitude de succès et de durée, l'échelle des races, ou bien de remplacer celles qui sont totalement apauvries, il convient de recourir là où se rencontrent les femelles les plus parfaites et les mâles les mieux constitués, et en même tems qu'elles trouvent dans la nouvelle contrée les mêmes soins, les mêmes alimens, les mêmes habitudes que dans leur pays natal. Elles ont besoin de subir toutes les phases de l'acclimatation, et elles ne les ont vaincues que lorsque certains changemens durables ont mis leur organisation en harmonie avec le nouveau climat : c'est l'œuvre du tems, c'est le triomphe de l'industrie. En attendant, que de peines, que de soins minutieux, et souvent que de mécomptes décourageans, toujours ruineux ! Je le demande, est-il nécessaire d'aller mendier à l'étranger ses bestiaux, quand nous possédons en France des souches précieuses qu'il est de notre honneur, autant que de notre intérêt, de propager ? Il ne faut pas que la fièvre d'innover tue notre avenir. En nous rendant tributaires même de nos plus chers alliés, nous compromettrions la branche la plus importante de notre économie rurale, nous porterions un coup mortel à l'industrie du pays, à la fortune de ses habitans. Au Nord comme au Midi, à l'Est aussi bien qu'à son centre et à l'Ouest, la France recèle dans son sein tous les élémens de la prospérité : ce sont eux qu'il faut exploiter, qu'il faut étendre, qu'il faut conserver. Nous ne sommes point réduits à la triste situation de l'Angleterre, quand Robert Backwell vint, à partir de 1755, lui créer les races d'animaux domestiques qu'elle possède aujourd'hui et qui lui manquaient alors sur tous les points. Il ne s'agit point pour nous, quoi qu'on en dise, d'introduire de nouvelles races, mais de perfectionner, par des croisemens réguliers, bien entendus, nos races indigènes, et d'apporter d'utiles changemens dans les formes et les qualités des espèces abâtardies, en faisant servir nos plus beaux et nos meilleurs types, d'abord ceux de la plus proche parenté, puis ceux plus distingués.

RACES NATIONALES. — Je ne parle, encore une fois, que de nos vaches laitières ; après celles qui vivent sur les chaumes des Vosges , du Jura , des Alpes et des Pyrénées, nous devons citer les vaches des monts Dores et du Cantal, surtout celles de la vallée de Serre, entre Aurillac et Murat ; les vaches du Montbéliard, département du Haut-Rhin ; celles du Livarot, département du Calvados , qui sont petites , bien prises , et dans les mamelles desquelles afflue un lait excellent et abondant. Elles peuplent aussi le Cotentin , département de la Manche , le val de Corbon , département de l'Orne, la vallée d'Auge , département du Calvados, les pays de Bray et de Caux , département de la Seine-Inférieure. Dans toutes ces localités , les animaux sont nourris au vert presque toute l'année, tantôt en plein champ, tantôt à l'étable : cette considération importante veut être notée (1).

(1) On vante aussi les vaches du petit vignoble de Santerre et de Vimeu , département de la Somme , et celles du département du Nord ; mais les premières ne sont point à rechercher , et les secondes étant très friandes finissent par coûter fort cher. Les vaches du Midi sont sujettes à des parts laborieux, à la rentrée du lait et aux accidens qui les suivent. Il ne faut point fonder d'espoir sur les vaches des ménages , riches ou pauvres , qui paissent aux champs , dans les pâtures communes, ou que l'on conduit à la corde le long des chemins , des fossés , etc. ; encore moins sur celles des grandes villes, que l'on force à convertir en lait la majeure partie des fourrages dont elles se nourrissent ; elles prennent très vite un volume extraordinaire ; chez elles la chair fuit les os, ceux-ci s'amoindrissent, la peau n'est plus un cuir épais mais un mince épiderme ; la partie dure de leurs pieds s'alonge, les cornes tombent , ainsi qu'on le voit dans la Limagne, département de l'Allier.

. Pour se les procurer, il ne faut point, comme on en a l'habitude, prendre des vaches déjà usées par plusieurs mises bas et une lactation long-tems prolongée ; encore moins les choisir parmi celles à qui l'on vient d'imposer une marche de quatre à cinq myriamètres par jour, et quelquefois plus, afin de les amener à tems aux foires et marchés ; la fatigue, le changement d'air et d'alimentation, les mauvais traitemens, surtout des *toucheurs*, ou garçons qui les conduisent, ne tardent pas à développer chez elles les premiers linéamens d'une péripneumonie chronique, souvent gangréneuse, qui dégénère à la longue en une véritable phthisie pulmonaire ou *pommelière* pour me servir de l'expression vulgairement usitée. Les vaches que les marchands jettent dans Paris et ses environs, sont plus particulièrement exposées à ces accidens. Le passage pour elles est si rapide qu'il est impossible de ne pas les voir en souffrir d'une manière pénible. On leur ôte d'abord le veau qu'elles allaitaient depuis un, deux ou trois mois, ce qui les affecte beaucoup, et ce qu'elles témoignent par des mugissemens profonds, redoublés, presque sans interruption. Ensuite, une fois entrées chez le nourrisseur, elles sont attachées dans l'étable à une place qu'elles ne doivent plus quitter : leur lait diminue sensiblement, s'il ne s'arrête complètement. Cet état de repos, la malpropreté qui les enveloppe de toutes parts, l'exiguité du local, la nourriture si différente et en même tems trop abondante, trop substantielle pour un corps privé d'exercice : voilà autant de causes incessantes qui rendent la maladie plus meurtrière.

Ce sont des génisses qu'il faut demander, les faire venir à petites journées, (l'ouverture des chemins de fer va rendre partout leur transport rapide et facile), les loger en une étable bien aérée, tenue avec soin, puis les conduire à un taureau de bon aloi, point fatigué, reçu par un vétérinaire instruit, et non point à ces taureaux communs qui saillent à prix d'argent, et à toute heure, les vaches qu'on leur présente : la génisse, par un semblable accouplement, ne tarderait pas à s'apauvrir. Une fois pleine, on doit plus que jamais exiger des femmes chargées du gouvernement des étables, une sévère propreté, le pansement de la main, une nourriture réglée et la plus grande douceur envers l'animal. Il n'y a pas de détails puérils quand il s'agit de sa conservation, de sa prospérité, et d'adoucir le sort qui le condamne à l'esclavage. Les vaches que l'on traite avec bonté sont confiantes, familières ; elles viennent à la voix, se laissent volontiers manier les mamelles et les trayons.

Usage du sel. — Une certaine quantité de sel dans ses alimens est nécessaire à la vache. Quand il lui manque, elle devient triste, chétive, inféconde, et dépérit rapidement. On en a eu la preuve dans les parties centrales de l'Amérique, quelques années après son trans-

port de l'Europe sur le nouvel hémisphère. Donnez-lui-
en un peu tous les huit jours au moins, faites-le lui
prendre dans la main ou sur une tranche de pain. J'ai
vu sur nos chaumes et en Suisse, lui en fournir utilement tous les deux jours.

CE QU'IL FAUT FAIRE DURANT ET APRÈS LA GESTA-
TION. — Durant l'été, menez-la dans les pâturages des
plaines élevées ou ceux qui sont situés sur le penchant
des petits coteaux frais sans être humides, et que pendant l'hiver elle trouve à l'étable de bons alimens. Met-
elle bas en cette dernière saison, ajoutez à sa pitance
ordinaire de la paille brisée sous le maillet, des rebuts
d'avoine, des choux verts et du foin de choix. Dans l'un
et l'autre cas, administrez avec circonspection, ni peu,
ni trop à la fois, pour ne point accabler ses forces : sou-
venez-vous toujours que plus la vache rumine, mieux
elle digère.

Deux ou trois jours après qu'elle a vêlé, séparez-la de
son petit, comme nous l'avons dit plus haut, car il ne
faut point oublier que nous ne considérons ici la vache
que sous le point de vue du lait; s'il s'agissait d'avoir des
élèves, le procédé serait tout différent. Je sais que plusieurs agronomes blâment cette méthode, et que la suc-
cion par le veau facilite singulièrement l'émission du lait.
On peut citer à l'appui l'exemple des fermières de l'É-
cosse, qui s'occupent en même tems de l'élève et de la
laiterie. Elles séparent des mères tous les veaux, et les

gardent dans des pâturages clos. A des heures réglées, les petits sortent, ils courent sans se tromper, vers leurs mères, les têtent jusqu'à ce que la vachère juge qu'ils ont pris assez de lait, alors on écarte les veaux, et tandis que l'on trait les vaches, on les rentre dans leur parc. En la Colombie et en diverses autres contrées de l'Amérique méridionale, on laisse le petit à sa mère; on aime à le voir tout le jour avec elle pour qu'il puisse la têter à volonté, seulement le soir on les sépare, afin de profiter du lait qui s'amasse dans le pis durant la nuit. Je dirai plus, en Italie et dans le Levant, chez les tribus Mongoles et surtout chez les Kalmucks, le veau suit et tète sa mère partout et durant deux et trois mois sans que cela nuise aucunement à la qualité, ni même à la lactation, par conséquent aux profits qu'on en attend. Au lieu de tenir la vache constamment fixée à l'étable, on la promène par les villes pour y vendre son lait et la traire sous les yeux du consommateur, ainsi que cela se pratique pour les ânesses à Paris, pour les chèvres dans le midi de la France, pour les chamelles en Orient. Les vaches que l'on gouverne de la sorte se portent toujours bien et sont constamment bonnes laitières. L'air pur et l'exercice font partie des besoins inhérens à la vie, ils sont étroitement liés à l'état brillant de la santé.

MOYENS A EMPLOYER SUR LES VACHES QUI RETIENNENT LEUR LAIT. — Il y a des vaches qui retiennent leur lait du moment qu'on les prive de leur petit ; quand cette circonstance arrive , on a recours à l'urtication (1) quatre à cinq fois par jour durant une décade , ainsi que le font les bergers et les chevriers du Véronnais en Lombardie ; ou bien , comme le pratiquent les markaires des Vosges , les pâtres des Pyrénées , on enfonce dans la vulve un bâton rond très lisse , et on gratte l'animal en même tems sur la croupe , méthode barbare que je retrouve identique chez les Kalmucks , et qui décide la vache à serrer de toutes ses forces pour s'en débarrasser ; pendant ce tems le lait lui échappe. L'urtication est en usage aujourd'hui dans l'Andalousie, et chez les Arabes pour la bufflesse ; les anciens Scythes l'employaient pour la jument ; comme le bâton dont nous venons de parler , elle ramène le lait dans les pis , même en ceux qui sont déjà desséchés et flétris ; il coule abondamment à chaque traite.

DE LA TRAITE. — Puisque nous venons de citer la traite, disons qu'elle doit se faire deux fois par jour , le matin à cinq heures et le soir à la même heure. Elle est indiquée par la nature ; cette méthode est généralement adoptée pour l'ânesse , la chèvre et la brebis ; elle donne à la liqueur le tems de s'élaborer , d'affluer

---

(1) C'est-à-dire on stimule les mamelles en les frappant avec les tiges feuillues de l'ortie grièche ou commune, *urtica urens*. On a remarqué que, par ce moyen, le lait vient même aux femelles vierges ou infécondes ; en trayant tous les jours, comme de coutume, la sécrétion continue.

dans les canaux galactophores, d'emplir les mamelles et de s'y perfectionner. La traite du matin a toujours plus de qualités que celle du soir, parce que l'animal a joui d'un repos plus parfait et plus prolongé.

Quoique je sache bien que le patriarche de notre agriculture a dit : « Comme une source de fontaine abonde » tant plus en eau, que plus nettement elle est ténue » et mieux couverts en sont les tuyaux ; ainsi les vaches » sollicitées par le fréquent traire donnent du lait en » plus d'abondance, qu'en y allant nonchalamment (1); » je n'en persiste pas moins à croire et à soutenir que deux traites suffisent, en vingt-quatre heures, à douze heures de distance l'une de l'autre, et que c'est abuser que d'en demander une troisième. Le seul cas où l'on peut tolérer cet usage, est lorsqu'il s'agit de consommer la liqueur en nature et que les vaches sont grassement nourries ; on fait alors une traite le matin, une à midi, et la dernière le soir. Mais, lorsque le lait doit servir à la fabrication du beurre et du fromage, il faut se contenter de deux seulement, et laisser ainsi à ce précieux liquide le tems nécessaire pour s'élaborer et se perfectionner.

La manière de pratiquer la traite demande une attention toute particulière de la part de la personne qui en est chargée, et, je le répète, beaucoup de propreté. D'abord, elle doit se laver les mains, éponger le pis et

(1) *Théâtre d'Agriculture*, 1re lieu, chap. 8, p. 527, tome 1 de l'édition in-4 de 1804.

les trayons avec de l'eau froide , et éviter tout ce qui pourrait fatiguer ou seulement inquiéter la vache ; ensuite , il lui faut toucher les mamelles , les presser doucement depuis le haut jusqu'en bas , sans interruption, puis tirer alternativement les deux mamelons du même côté, après, les deux autres du côté opposé, changer enfin d'instant à autre pour obtenir ainsi jusqu'à la dernière goutte du lait. La compression trop forte et trop brusque des mamelles est souvent cause qu'une vache finit par se dessécher, quelquefois même elle l'expose à perdre un ou deux mamelons. D'une autre part, est-elle trop faible et inégale , on ne retire point le dernier lait , c'est-à-dire celui reconnu pour fournir à lui seul toute la crème, une crème abondante, très épaisse, d'une belle couleur orangée. Il y a donc un juste milieu à tenir, c'est l'habitude qui l'indique avec précision. Une fermière jalouse de la prospérité de la maison rurale, instruite de l'importance de toutes les précautions à prendre pour le meilleur gouvernement et pour la traite régulière de ses vaches, doit donner des leçons à la fille de basse-cour à laquelle elle remet ce double soin ; elle doit de plus veiller de tems en tems à ce que la négligence, la mauvaise humeur ou la précipitation ne leur porte point préjudice. Si on n'enlève pas absolument chaque fois tout le lait contenu dans les mamelles, il est indubitable qu'une diminution graduelle se fait remarquer, et qu'en peu de tems le lait tarit.

QUANTITÉ DE LAIT QUE FOURNIT UNE VACHE PAR JOUR.
— Il est impossible d'établir sur des bases certaines la quantité de lait qu'une vache donne par jour, cela dépend autant de l'âge, de la race, de la saison, du climat, que de la nourriture, de la constitution physique de l'animal, du nombre des traites et de mille autres circonstances difficiles à noter. Aux environs de Paris, on répute excellente celle qui en fournit jusqu'à dix et quinze litres par jour ; dans les Alpes suisses, depuis seize jusqu'à vingt et vingt-deux. Le terme moyen, que l'animal soit nourri dans l'étable, ou continuellement sur les pâturages, ou bien encore partie de l'année aux prairies et partie à l'habitation, le terme moyen, dis-je, est estimé par jour, dans le département du Puy-de-Dôme, à 2 et 3 litres ; en Prusse, à 4 litres 12 centilitres ; dans la Carinthie, à 4 litres 28 centilitres ; sur le Jura, à 5 litres ; en Hollande, à 5 litres 29 centilitres (1) ; en Saxe, à 5 litres 36 centilitres ; sur les chaumes et dans les départemens du Nord-Ouest, de 6 à 8 ; en Belgique, à 7 ; dans le canton d'Appenzell en Suisse, de 8 à 9. On peut élever davantage ces chiffres, mais c'est au détriment de la liqueur, et un moyen de détruire promptement l'animal : pour trop vouloir, on cesse d'avoir (2).

(1) Et non pas 40 litres, comme l'ont imprimé certains exagérés, sans se douter que cela est impossible.

(2) Je ne comprends point ici l'Algérie ; les meilleures vaches

Une Vache, dans un état satisfaisant, produit beaucoup de lait ; celle qui est maigre, au contraire, rend
fort peu, encore son lait est-il séreux. La nourriture
verte, exempte de rosée, formée de vesce, de spergule,
de fléole et d'ivraie vivace, en augmente la quantité ;
mais il est moins crémeux que le lait provenant d'une
nourriture sèche ; celle-ci, de son côté, n'est pas très
apte à le conserver long-tems, tandis que, coupée de tems
à autre par des substances humides, telles que la bette-
rave divisée par tranches, les drèches des brasseries et
des distilleries, les pulpes, etc., elle favorise singulièrement sa production, et concourt à lui fournir la matière
butireuse de haute qualité. Je ne nomme point ici la
solanée parmentière, quoiqu'elle soit recommandée par
de graves autorités : cuit ou non, ce tubercule, à moins
qu'il ne soit salé (1) et uni à du foin de première qualité, échauffe l'animal, rend son lait aqueux et le beurre
médiocre ; il faut le réserver pour les animaux que l'on
engraisse. La nourriture verte du printems, de l'été et
des premières semaines de l'automne, prise aux prairies,
surtout celles qui sont élevées, imprime seule au lait et
au beurre le parfum délicat, la couleur dorée, toutes
les autres qualités qui le rendent si précieux et si flatteur à l'œil et au goût.

laitières ne donnent qu'un seul litre par jour : il est vrai que les
pâturages y sont rares, surtout depuis les guerres de l'occupation.

(1) On donne soixante-dix grammes de sel en poudre sur une ration de quinze kilogrammes.

Doit-on tenir les vaches laitières dans l'inaction. — Généralement on tient inactives les vaches laitières, c'est une faute grave et la cause première de la pauvre, je devrais dire de la pitoyable qualité du lait que l'on trouve dans les vacheries de Paris ; elle est de plus la source de ces maladies tuberculeuses qui moissonnent chaque année tant de jeunes filles , tant de femmes dans les grandes villes. Ces deux faits se tiennent étroitement l'un à l'autre. Je ne cesserai de le dire , les vaches sans cesse tenues à l'étable ont les poumons remplis de tubercules , leur lait les transmet aux femmes , aux enfans , aux vieillards qui le boivent. Les médecins et la police locale sont coupables de cet attentat, en ce qu'ils n'obligent point les nourrisseurs à une surveillance de tous les instans. Le travail est nécessaire aux vaches laitières , mais il faut le proportionner à leurs forces. Quoique je sache que les vaches sont plus lestes que les bœufs, qu'elles suivent aussi bien qu'eux le sillon , que par leur facile locomotion qui se développe par la marche, elles font un quart de plus de travail, je n'aime point cependant , non je n'aime point à les voir, comme dans quelques communes de nos départemens du Nord-Est, et dans les cantons de Genève et de Vaud en Suisse, unies , encore moins absolument substituées aux bœufs pour le service des fortes charrues, ou bien attachées par les cornes ou par le cou pour traîner de lourds fardeaux; on les contraint de la sorte à des efforts surnaturels qui préjudicient aux qualités du lait ; il s'échauffe en effet, ne produit plus les salutaires effets qu'on en attend , il finit même par se tarir entièrement. C'est ce qu'éprouveront tôt ou tard les petits fermiers du département du Nord qui, depuis 1830, se trouvant hors d'état de nourrir des chevaux pour l'exploitation de leurs terres, attèlent des vaches laitières à leur place, leur imposent le joug de la charrue et leur demandent un labour aussi profond que celui donné par des chevaux. Il faut occuper la vache laitière modérément, deux ou trois heures par jour, au labour des terres légères , au charroi des produits du sol ; elles peuvent le faire jusqu'au sixième et partie du septième mois, mais il est indispensable alors de leur fournir une nourriture meilleure que celle ordinaire : du moment qu'une vache est pleine il faut beaucoup la ménager.

DURÉE DE LA PRODUCTION DU LAIT. — Les vaches ainsi dressées dans leur première vigueur, servent six années sans fatigue réelle ; à cette époque il faut les changer , ou mieux , les vendre pour l'engraissement. Thaër veut qu'on attende jusqu'à la douzième année ; mes observations m'ont appris que, à huit ans, il y a diminution sensible dans le flux du lait ; à neuf ans, il cesse tout-à-fait (1).

(1) MOYENS DE CONNAITRE L'AGE D'UNE VACHE. — A-t-on des signes certains pour déterminer l'âge des vaches? L'inspection des dents est trompeuse. En effet, des huit dents incisives de la mâchoire inférieure qu'elle apporte presque en naissant, les deux du milieu

CHAPITRE III.

—

DU LOCAL DESTINÉ A RECEVOIR LA VACHE LAITIÈRE.

Les lieux destinés à servir de logement aux vaches laitières sont de deux sortes, les étables permanentes et les abris temporaires.

DES ÉTABLES PERMANENTES.—Ceux auxquels on donne le nom d'*étables permanentes* sont, en général, étroits, obscurs, humides, privés de courant d'air et par-dessus cela tenus avec la plus grande négligence ; il semble que, en les construisant, on ait autant regretté le tems et les matériaux qu'on leur donnait, que l'on a peu

tombent entre le douzième et le dix-huitième mois ; elles sont aussitôt remplacées par deux plus larges. A deux ans, les deux suivantes changent de même, et ainsi de suite, chaque année une fois. Si cette marche était régulière, on pourrait s'y fier, mais elle est devancée chez la génisse qui a toujours été bien nourrie, et plus ou moins retardée chez celle qui reçoit une pauvre alimentation. Les anneaux qui se manifestent aux cornes après une première gestation offrent plus de chances de certitude. A chaque nouvelle mise bas, un anneau en forme de bourrelet, chasse le précédent. Le premier est le plus voisin de la racine des cornes. Quand il y a eu avortement, l'anneau se montre moins distinct. Est-il bien tranché, à distance régulière, c'est une preuve que l'animal a constamment joui d'une bonne santé : s'il est embrouillé, par conséquent difficile à distinguer, la vache est âgée ou bien fort sujette aux maladies.

songé à l'économie du fourrage et au mieux être des animaux, qui font cependant la richesse de la famille. On les voit le plus souvent attenant aux écuries, à la bergerie, au toit à porcs, quand ils ne sont point tous réunis en une même enceinte, simplement séparés les uns des autres par quelques planches mal jointes et seulement à hauteur d'appui. Véritables cloaques par cette agglomération, les étables permanentes le sont encore plus par le voisinage des fumiers, aussi les animaux que l'on y renferme sont-ils incessamment exposés à l'invasion des maladies. Pour en rendre les causes plus actives et par conséquent plus dangereuses, il n'est point rare d'y voir placer un bouc, afin, dit-on, qu'il attire sur lui tout ce que l'étable peut avoir d'impur et de vicié. J'ai, depuis long-tems, montré l'absurdité de cette triste croyance, mais on a beau combattre la routine et le préjugé, démontrer que, loin de diminuer les émanations délétères et putrides qui surgissent de tous les corps et des diverses substances fermentescibles entassés dans l'étable, la présence du bouc les exalte, en rend la masse plus compacte et plus malsaine. L'habitude est partout plus puissante que le raisonnement.

Cependant, il y aurait de l'injustice à passer sous silence les lentes mais réelles améliorations qui se font remarquer, depuis un demi-siècle, en un bon nombre de localités : espérons que leur exemple, aidé par l'action si directe des comices et des sociétés d'agriculture, par la marche progressive de l'instruction, se fera bientôt jour dans toutes les têtes.

L'essentiel, dans l'établissement des étables, c'est le choix de l'emplacement et des matériaux, c'est l'exposition qui exerce une très grande influence sur la vie et la santé des animaux comme sur celles de l'homme ; c'est la distribution bien entendue des diverses parties de ce logement. Le luxe et la parcimonie sont deux écueils également à éviter. Le strict nécessaire, la facilité du service, la commodité des animaux, voilà ce qu'il faut : rien de plus. Laissez le luxe inutile à l'homme oisif, au courtisan, à l'être vicieux et ignare, c'est la seule valeur nominative qu'ils puissent avoir, c'est la livrée qui les distingue de l'homme utile, de l'homme qui travaille au mieux être de tous, et dont la vie active est un bienfait de plus ; celui-ci ne demande que l'indispensable. Il sait se contenter. Qu'il en soit ainsi pour nos auxiliaires. Les loges somptueuses conviennent aux bêtes fauves ; des étables simples et saines aux animaux domestiques.

Une bonne étable (voyez la figure 1) est élevée, voûtée, largement ventilée par de nombreuses ouvertures pratiquées de manière à donner du mouvement à l'air, à tempérer tantôt la force du vent, tantôt celle de la chaleur. Il importe que l'atmosphère soit sans cesse renouvelée dans l'étable, même durant les plus grands froids, comme il importe que la propreté règne partout. Chaque vache veut y trouver un espace d'un mètre et demi de large sur trois de long. Là où cet espace est plus resserré, la vache ne respire qu'un air échauffé, corrompu, et il est impossible aux filles de basse-cour de lui donner tous les soins dont elle a besoin pour répondre dignement au but que l'on s'est proposé en faisant son acquisition. Le sol de l'étable est dallé, ou du moins recouvert de planches épaisses, bien unies, et très légèrement en pente pour laisser couler les urines dans un petit fossé ménagé derrière les vaches et sur lequel est une grille pour passer dessus. La crèche se tient basse, pour ne pas contraindre la vache à lever la tête ; elle doit avoir un mètre de long, être garnie de barreaux en bois dur, très lisses, espacés de dix centimètres et portés sur un pivot, afin qu'en tournant au moindre effort, l'animal puisse en tirer sans peine le foin ou la paille sans en perdre. La mangeoire, placée au-dessous, et de même longueur, est en pierre ; celle en bois étant sujette à contracter aisément une mauvaise odeur avec les buvées tièdes et copieuses qu'on administre chaque jour (1). Tous les matins on enlève les fumiers, on renouvelle les litières, on nettoye exactement, après avoir étrillé, bouchonné la vache, et on la mène boire

(1) On les fait avec des balles de grains battus, du son, des pommes de terre et des racines cuites à l'eau ou mieux à la vapeur. Dans nos départemens du Nord on emploie le marc des brasseries, et même les tourteaux des colzas et des navettes.

deux fois le jour. Il lui faut une eau claire, bien pure ; l'eau courante est la meilleure ; quand on n'en a pas d'autre que celle des puits, qui d'ordinaire ne dissout point le savon et retarde beaucoup la cuisson des légumes, on fera bien de la battre en la transvasant, ou la blanchir avec le son du froment ou la farine d'orge: cette boisson est non-seulement salubre, mais elle aide encore à l'abondance du lait.

Il y a nécessité d'éloigner les poules et les oiseaux des étables, ainsi que les insectes ; à cet effet, on garnit les ouvertures d'un fort canevas ; la présence des poules inquiète la vache, leurs plumes, quand elles se mêlent aux fourrages et aux buvées, quand elles pénètrent dans les voies aériennes et digestives, causent de fâcheux accidens ; la piqûre des insectes tourmente et porte le désordre dans la vie calme de la vache laitière.

Quand on possède un bon nombre de ces animaux, comme les nourrisseurs, par exemple, l'étable est distribuée de manière à ce que les vaches occupent le milieu. De chaque côté, l'on ménage un couloir, l'un pour le service journalier du nettoyage et pour l'entrée et la sortie des vaches ; l'autre contre les parois duquel sont tournés le râtelier et la mangeoire. De la sorte tout se fait beaucoup mieux, plus vite, plus proprement, avec sécurité et par suite avec une grande économie de tems.

DES ABRIS TEMPORAIRES. — Toutes les fois que l'on

tient habituellement, en été, les vaches dans les prairies, ou qu'on les parque, (depuis la mi-mai jusqu'à la fin de septembre) sur les terres cultivées pour les fumer, on leur dresse au milieu de ces mêmes prairies ou du parc des hangars en bois de charpente et revêtus d'une toiture légère. Il en est encore ainsi quand elles sont réunies, durant l'hiver, dans une pâture voisine de l'habitation, et close, que l'on nomme *cour*. Les appentis s'élèvent de manière qu'elles y trouvent à s'abriter de suite et commodément contre la pluie, la neige, le vent du nord qui glace et la température humide, pénétrante, des vents d'ouest.

Au nombre des abris temporaires je comprends les logemens des vaches sur les montagnes. Partout elles n'ont pas, comme aux châlets des Vosges, du Jura, des Alpes, une étable convenable ; le plus souvent, comme aux monts Dômes et aux monts Dores, elles ne peuvent se retirer, durant les mauvais tems, qu'autour des burons et des huttes abandonnées. Ces huttes, à moitié enfoncées dans la terre, sont formées avec des branches d'arbres et des mottes de gazon que l'hiver a tellement détériorées, que les cantalès ou buronniers préfèrent en construire de nouvelles.

Dans les châlets, au contraire, l'étable est une partie très soignée. Lorsqu'elle doit servir à une quarantaine de vaches, nombre ordinaire, elle a au moins 25 mètres de long sur 6 de large, et 2 et demi de hauteur à partir du sol ; il n'y a point de grenier au-dessus, l'air y circule convenablement. Elles y passent les nuits froides et les jours quand il pleut ; elles s'y retirent aussi à l'approche des orages, et s'y rendent, au signal donné, pour être traites. Le sol de l'étable est plancheyé en bois de sapin, avec une pente douce, ce qui détermine l'écoulement des urines et d'une grande partie des matières fécales vers une rigole ménagée au milieu de l'étable, laquelle a 15 centimètres de profondeur sur 50 de largeur, et que l'on nettoie, au besoin, deux fois par jour, à grande eau courante, quand la localité le permet, qu'on y jette en balayant (1).

Aux burons, de même qu'aux châlets, quand les vaches sont mouillées, on les sèche en les frottant et en les essuyant avec un bouchon de paille.

(1) Dans ce dernier cas, on ferait bien de mettre une poignée de chaux vive dans l'eau, pour enlever toutes les traces d'acide que les urines déposent sur les parois.

CHAPITRE IV.

—

DU LAIT CONSIDÉRÉ DANS SA NATURE, SES QUALITÉS, SES ALTÉRATIONS APPARENTES ET RÉELLES.

Dans son état normal le lait est un liquide blanc, très légèrement bleuâtre, opaque, d'une saveur douce, sucrée, presque inodore à froid, mais devenant odorante sous l'action de la chaleur et rappelant les herbages qui l'ont fourni : *pabuli sapor apparet in lacte,* comme dit l'adage des anciens naturalistes. D'une part, le lait tient en dissolution du muqueux animal, du sucre, des sels terreux, une petite quantité de matière grasse, à l'état de globules très divisés, et une substance azotée que l'on nomme caséum. De l'autre part, il offre en suspension d'autres globules, petits, moyens et gros, jaunâtres, destinés à monter spontanément en crème à sa surface et à fournir une huile butireuse qui se concrète en beurre. Leuwenhoek s'était assuré, en 1674, par des expériences sagement conduites, que les globules jaunâtres sont formés par la combinaison de la matière grasse et du caséum ; en 1837, un micographe (1) est venu nous an-

(1) Turpin, *Recherches microscopiques sur divers laits.* Tome XVIII des Mémoires de l'Académie des sciences de l'Institut, p. 201 à 248, avec une planche.

noncer qu'ils sont des outres d'où s'échappe un monde de monades, jouissant de l'organisation et de la vie au degré le plus simple, qui se transforment en un végétal parasite assez semblable au *Penicillium glaucum* de Linck. Je ne m'arrêterai point à ces observations faites au moyen de verres grossissans, dont le jeu et les couleurs irisées sont si sujettes à égarer ; je me tiendrai constamment aux faits légitimement acquis, aux faits que chacun peut à volonté vérifier et constater. J'ajouterai donc à ce que je viens d'exposer, que le lait renferme aussi une certaine quantité d'eau que l'on estime s'élever à 87,6 pour cent.

QUALITÉS DU LAIT. — En sortant des glandes mammaires, le lait de vache est habituellement et franchement alcalin (1). Cette propriété se remarque surtout chez les vaches qui paissent sur les chaumes et en plein air, tandis qu'elle est perdue par celles nourries constamment à l'étable : leur lait est toujours plus ou moins enclin à l'acidité. L'on peut corriger ce vice, premier signe d'une altération, en jetant dans chaque litre de cette liqueur un demi-gramme de bicarbonate de soude,

---

(1) Il en est de même pour le lait de la femme, celui de l'ânesse et celui de la chèvre. Le docteur Donné a signalé la différence qui se passe entre les deux sortes de lait : le lait alcalin présente sous le microscope, ses globules nageant librement dans le liquide, séparés les uns des autres : tandis que le lait acide offre çà et là de petits agglomérats de globules, c'est-à-dire les indices d'un commencement de coagulation du caséum.

et conserver le lait très bon pendant trois jours. On peut alors le mettre à bouillir sans crainte de le voir tourner (1). Depuis 1829, on emploie avec succès ce moyen dans la grande vacherie Sainte-Anne, près de Paris ; il est sans le moindre inconvénient. On avait proposé de recourir à la potasse, mais, outre que cette substance caustique donne un mauvais goût au lait et qu'elle peut nuire aux personnes qui le boiraient, on doit éviter soigneusement de s'en servir.

Les qualités du lait sont soumises, dans la même journée, à des modifications plus ou moins perceptibles qui, sans porter positivement préjudice à ses propriétés alimentaires, sans altérer ses caractères essentiels, tantôt en augmentent la masse, tantôt la diminuent. Ce phénomène est très sensible chez les vaches voisines du part, ou bien onze jours après la mise bas, et surtout sur les vaches qui avancent en âge ; il est vrai que, à mesure que leur lait décroît, par une sorte de compensation, il gagne en densité ; tandis que chez les premières le lait, quarante-deux jours avant le part, passe au blanc-jaunâtre, est d'une saveur fade, mucilagineuse et salée ; il ne revient au blanc pur, à ses qualités douces et légèrement sucrées, que onze jours après.

Au printems et durant la saison des fortes chaleurs,

(1) Lorsqu'en faisant bouillir le lait il vient à tourner, il suffit pour le rétablir dans son état naturel, de lui additionner une certaine dose de ce sel.

cette liqueur est plus séreuse , moins épaisse et d'une digestion plus facile que dans les deux autres saisons de l'année. Les vaches condamnées à une stabulation constante , ou desquelles on exige , maladroitement pour ne pas dire plus , un exercice forcé , de même que celles qui sont réduites en hiver à une simple ration de paille hachée , donnent un lait acide et cessent bientôt d'en fournir. Hors ce dernier cas , dû à la misère du moment et par conséquent à une coupable imprévoyance , la matière nutritive , qu'elle dépende du régime sec ou de la nourriture verte , quand elle est administrée dans des proportions nécessaires , toujours égales et calculées d'après le poids des équivalens (1), n'augmente , ni ne diminue la quantité du lait : son influence ne se fait point sentir non plus sur sa composition chimique. Il n'en est pas ainsi de la situation physique actuelle de l'animal et de la nature des substances alimentaires sur le goût et la coloration du lait. Comme nous allons le voir , ces variations sont alors nombreuses et très sensibles.

DU GOUT ET DE LA COLORATION DU LAIT. — Le lait d'une vache malade est filamenteux , d'un jaune plus ou moins intense. Celui d'une vache trop jeune n'offre pas une bonne nourriture, il a beaucoup plus de sérosité que de crème ; si elle est trop vieille, il est sûr et n'est

(1) La ration doit être habituellement du poids de 15 kilogrammes par jour.

presque composé que de parties caséeuses. Quand elle est en chaleur ou prête à vêler (1), le lait est mucilagineux, privé de son sucre et de caséum, il a un goût désagréable et tourne facilement dès qu'on l'approche du feu. Celui pris sur une vache qui vient immédiatement de mettre bas est très épais, également mucilagineux, d'une odeur et d'une saveur peu agréables, à cause du *colostrum* (2) qu'il contient en grande quantité jusques au quatrième, au sixième et même au dixième jour ; le lait commence, à ces époques, à se débarrasser de ses élémens primitifs, il devient doux et sucré, qualités que l'on sent s'augmenter à mesure que l'on s'éloigne davantage de l'instant du part.

En été, le lait est abondant, sucré, savoureux et fournit une bonne quantité de beurre ; en hiver, au contraire, il est plus crémeux, plus propre à fournir des fromages distingués.

Toutes les fois qu'une vache mange des plantes à odeur alliacée, et leur nombre est assez considérable (3),

(1) Il y a des vaches pleines qui perdent leur lait au cinquième, au sixième et au septième mois de la gestation ; d'autres vont jusqu'au huitième et au neuvième ; d'autres enfin ne le perdent point du tout.

(2) Fluide séparé des mamelles dans les premiers instans qui précèdent et suivent le part ; il contient beaucoup de crème, de là ses propriétés légèrement purgatives.

3) Telles sont entr'autres le tabouret, *thlaspi alliaceum*, le vélar, *erysimum alliaria*, l'ache des montagnes, *apium alpinum*, l'ail des ours et celui des vignes, *allium ursinum* et *A. vineale*, etc.

son lait prend un goût fort peu attrayant ; on peut cependant le boire, il n'a rien de malsain. Il est gros,
fort gras et très amer quand il provient d'une vache
ayant mangé du marron d'Inde ou brouté de l'absinthe ,
artemisia absinthium , le laitron des Alpes, *sonchus al-
pinus*, les feuilles de l'artichaut , *cynara scolymus*, ou
des fanes de solanée parmentière. Il est intolérable au
goût si elle s'est nourrie de choux , de la prèle des eaux
courantes , *equisetum fluviatile* , qu'elle aime beaucoup ; il y a quelque chose de piquant, de camphré,
d'âcre, quand ce sont des euphorbes ou les deux espèces
de menthes désignées par les botanistes sous les noms
de *mentha arvensis* et de *mentha sylvestris* , son acidité
se manifeste plus vivement encore, comme je l'ai déjà
dit , chez les vaches tenues sans cesse à l'étable ; elle est
moins sensible sur celles qui sont nourries de navets , de
feuilles de betteraves et sortent deux heures par jour ,
non pour pâturer , mais pour prendre l'air. Les tiges de
salsola soda rendent le lait salé au point de ne pouvoir le
boire ; dès que l'animal cesse d'en faire usage, son lait
reprend aussitôt et son goût et sa douceur. La carotte
le rend fade, l'herbe des prairies humides, le turneps
et la rave , aqueux ; la feuille de vigne, léger, agréable , mais aigrelet, peu butireux et prompt à tourner.
Il est blanc , d'une teinte égale , mais un peu trop gras ,
si la vache est uniquement nourrie de trèfle , *trifolium
pratense*, et de luzerne , *medicago sativa*. Mange-t-elle,

au contraire, des feuilles et des tiges du maïs, du riz ou de la spergule, son lait est très riche, parfaitement blanc, très consistant, d'une odeur qui flatte et d'une saveur bienfaisante. Le trèfle des montagnes, *trifolium montanum*, qui se multiplie sur les Vosges, au mont Pilat et sur les Hautes-Alpes, lui donne aussi un goût sucré très prononcé, de même que le marc des betteraves coupé avec du foin de première qualité. Le fraisier, *fragaria vesca*, chargé de ses fruits succulens, lui imprime une couleur rose fort jolie, qu'il communique à la crème et s'y montre même plus intense (1); tandis que, avec le pastel, *isatis tinctoria*, la jacinthe à houppe, *hyacinthus comosus*, le sainfoin, *hedisarum onobrichis*, le jonc fleuri, *butomus umbellatus*, etc., la paille d'orge, le son, il reçoit une légère teinte bleuâtre, un peu de fadeur, mais son odeur est agréable, et on peut le boire sans la plus légère inquiétude ou répugnance.

On augmente l'abondance du lait, et on le rend plus riche en crème, en administrant aux vaches beaucoup d'orties, *urtica*.

ALTÉRATIONS MORBIDES DU LAIT. — Il y a des altérations morbides qui ne sont qu'apparentes et d'autres qui sont réelles; il importe de les bien distinguer avant

(1) Ce phénomène est fréquent aux pays de montagnes; je l'ai surtout observé dans les Vosges, sur les Alpes, en Suisse, et surtout en quelques endroits voisins du lac de Genève.

de permettre l'usage du lait ou de le jeter en pure perte : c'est un des points les plus obscurs de la pathologie vétérinaire.

L'engorgement ou plutôt la tuméfaction des mamelles fait que l'on retrouve dans cette liqueur tous les élémens du *colostrum* ; la chimie nous dit que le lait provenant de cette sorte d'altération, qui se prolonge par fois jusqu'aux premiers signes d'une nouvelle gestation, se prend en masse glaireuse quand on le traite par l'ammoniaque ; j'en conclus qu'il ne convient point de le boire.

Une affection particulière des vaisseaux capillaires du trayon rend le lait d'un rouge cerise et le prive de ses qualités alimentaires. On a long-tems attribué cette affection aux couleuvres à collier, au hérisson et même à l'oiseau crépusculaire nommé engoulevent qui, selon la tradition populaire et le préjugé, viennent la nuit téter la vache, ce qui non seulement est absurde, mais encore physiquement impossible. Cette inflammation résulte d'un afflux du sang ; elle intéresse le tissu, cause une chaleur et une douleur plus ou moins aiguës, et n'est positivement que la suite d'un coup violent, d'une pression trop forte, trop brutale du pis, de la piqûre d'une abcille ou d'un autre insecte, jointe à la malpropreté. L'émulsion de lait qu'on demanderait alors imprudemment au trayon serait dangereuse ; mais toutes les fois que vous ne verrez point le trayon ni tendu, ni très irritable , il faut chercher une autre cause à la couleur rouge du lait. Quand la vache mange plusieurs jours de suite et à forte dose des racines fraîches ou les feuilles et les tiges rameuses de la garance , *rubia tinctorum ,* qu'elle aime beaucoup, son lait , ainsi que ses urines , prennent une teinte pourpre moins brillante que celle communiquée aux étoffes de laine et de soie par ces mêmes racines à l'état de siccité : le lait ainsi coloré ne doit soulever aucune inquiétude. On a dit que le caille-lait , *galium verum ,* produisait les mêmes effets , je puis attester le contraire ; jamais je n'ai pu les obtenir , même en prodiguant cette plante à des vaches et à des chèvres : une seule fois je les ai remarqué sur une lapine.

Le lait , soit au printems , soit en automne , mais surtout au tems des grandes chaleurs , qui se ternit dès qu'il est trait , sera toujours la preuve irrécusable d'une altération positive de l'économie animale , peut être même d'une prédisposition à la phthisie pulmonaire, ainsi que l'estimaient au terme de leur carrière scientifique et Chabert et Fromage-de-Feugré. Cette preuve sera d'autant mieux acquise , que le lait se couvrira plus vite de taches d'un bleu d'outremer , d'abord petites , n'offrant à l'œil nu aucune trace de moisissures, lesquelles grandiront, se montreront plus ou moins nombreuses , plus ou moins étendues , plus ou moins soulevées en leur centre, et semblables à l'auriculaire des bois à demi pourris , *telephora cærulea ,* qui est garni d'un duvet excessivement court, visible surtout en ses bords. Au bout de vingt-quatre heures, ces taches, drapées par une multitude de petits filamens byssiformes, embrassent la surface entière du liquide ; toute sa masse en est colorée ; mais la teinte diminue d'intensité plus on approche de la portion la plus inférieure. Un pareil lait doit être jeté sur le fumier, l'animal qui l'a fourni remis aux mains du médecin vétérinaire, et rayé du nombre des vaches laitières, sinon pour toujours, du moins pour tout le tems jugé nécessaire.

Les commères assurent que ce lait est le résultat des maléfices de quelque prétendu sorcier. De leur côté, des savans nient l'existence d'une maladie, et veulent qu'il soit dû, les uns au développement d'une certaine quantité d'acide prussique, les autres à la présence d'un corps étranger, tombé par hasard sur le liquide. Je rirai de pitié des premières, et j'observerai d'abord aux seconds, que la couleur bleue ne se détruisant point sous l'action d'une lessive alcaline, on ne peut y voir l'effet de la nourriture ; puis, je leur demanderai comment il se fait que le lait bleu se trouve durant huit jours, quatre semaines, et même jusqu'à cinq et six mois chez la même bête, tandis que les vaches habitant le même pâturage ou la même étable, soumises à des influences identiques et à un semblable régime, donnent un lait pur, et que le lait que j'accuse de maladie soit le seul, absolument le seul, dans la laiterie, sur qui se manifeste cette fâcheuse circonstance. Ils vont plus loin, et à une première assertion hasardée, ils en ajoutent une autre. Bosc dit : « Le lait bleu est aussi bon que l'autre. » Tessier va plus loin, il ne veut point qu'on le boive, mais on doit le convertir en beurre. Si je poursuis cependant l'examen du liquide, je suis obligé de combattre ces funestes conseils et de les détruire par l'exposé de mes remarques. La crème et le caillé du lait bleu m'offrent aussi cette couleur, la crème tourne promptement au petit lait ; celui-ci s'en sépare difficilement, devient roussâtre et file quand on le verse de haut ; le caillé reste mollasse, les molécules constituantes du beurre s'agglomèrent mal entre elles, elles déposent la couleur sur le tissu ligneux de la baratte, et ce beurre, loin de me présenter le beau jaune qui lui est propre, je le vois pâle, légèrement verdâtre, en un mot une véritable matière stéatomateuse ; si je le goûte, il est nauséabond, il rancit en fort peu de tems, et si je m'en sers dans la cuisine, il gâte tout.

Je dis la même chose du lait vert, qu'on ne doit pas confondre avec le sérum. Le lait vert, dont Paullini a le premier parlé, dénonce une altération fâcheuse dont la cause est, à mes yeux, identique avec celle du lait bleu, si ce lait vert n'est pas simplement le lait bleu lui-même, vu sous un certain aspect et dans un certain moment que je n'ai pu saisir encore.

L'une et l'autre de ces affections morbides s'observent chez les jeunes vaches délicates, épuisées par des gestations prématurées, et chez celles qui sont dans un état de faiblesse et de débilitation générale.

USAGE DU LAIT EN NATURE. — L'exposition locale instruit le propriétaire sur l'avantage qu'il peut trouver, soit à vendre son lait en nature, soit à le convertir, comme nous le lui dirons plus bas, en beurre ou en fromages. Pour lui, prendre le parti qui assure des bénéfices réels, des bénéfices légitimes, avec le moins de mise hors de fonds et de tems, voilà le point capital, voilà la règle unique à suivre. Voyons maintenant ce que le consommateur demande et a droit d'attendre du lait qu'on lui fournit.

Dans son état naturel et tel qu'il sort du pis de la vache, le lait offre une nourriture saine, savoureuse, amie de l'estomac, convenable également pour les enfans, les jeunes filles et les femmes, pour les malades, les convalescens et les vieillards. Pris exclusivement, le lait nourrit suffisamment et entretient les forces du corps, pourvu que l'on fasse peu d'exercice et que l'on perde peu par les diverses évacuations. Les annales de la médecine contiennent des faits assez remarquables à ce sujet. Haller (1) cite de nombreux exemples de personnes qui n'ont, durant plusieurs années, pris que du lait pour toute nourriture. Nysten m'a parlé souvent d'une dame qui vécut exclusivement de cette substance pendant quinze années de suite, c'était, il est vrai,

(1) *Physiolog.* tom. VI, p. 198 et suiv.

pour se soulager de douleurs goutteuses. Mais, en général, il faut en user modérément, surtout dans les grandes villes où l'on est condamné à une vie sédentaire, si l'on veut qu'il se caillebotte promptement et, par suite nécessaire, qu'il soit parfaitement digéré. Le lait entre dans la préparation de beaucoup d'alimens et est un excellent remède dans plusieurs affections de l'économie animale. Il sert presque de boisson habituelle aux montagnards. Les Gêthes, les Scythes et tous les peuples nomades cités par Homère, comme les plus courageux et les plus indomptables des premiers tems héroïques, en faisaient une grande consommation ; il en était de même chez nos braves ayeux les Celtes et les Gaulois, chez les Scandinaves, les Germains, les Ibères et les vieux Pélasges. C'est encore la liqueur favorite des familles qui peuplent les châlets des Vosges, des Alpes, des Pyrénées, de celles qui parcourent les déserts de l'Arabie et les steppes inhospitalières de la Russie. Nous verrons plus tard, ainsi que je l'ai déjà dit, les ressources que le lait crée entre les mains de l'industrie, et les profits immenses qu'il assure à ceux qui le manipulent avec intelligence et en tems convenable.

Désire-t-on juger sainement des qualités du lait pris en nature, et jouir de la plénitude de ses propriétés nutritives, il faut éviter scrupuleusement de l'allier, selon la méthode des Écossais, au rhum froid ou chauffé, ou bien, comme le pratiquent les Suédois, les Russes et

les Anglais, au vin et à l'alcool plus ou moins rectifié :
le palais délicat et l'hygiène repoussent ces unions barbares que peuvent seules rechercher les bouches qui
s'ouvrent pour le porter, le gin, le bœuf fumé. Ne mêlez point non plus le lait à la substance succulente et
aromatique appelée chocolat, à la liqueur suave, intellec-
tuelle, obtenue de la graine du caféier torréfiée et ré-
duite en poudre, à la boisson préparée avec les feuilles
styptiques de l'arbre à thé, dont l'action narcotique,
quoiqu'en dise le Hollandais Bontekoe, affaiblit les or-
ganes gastriques ; l'habitude de le faire, malheureuse-
ment trop répandue depuis plus d'un demi-siècle, n'est
ni douce, ni salutaire pour les tempéramens délicats,
pour les personnes du sexe et surtout pour les filles non
encore parvenues au *summum* de leur constitution physique. Le médecin qui tolère cette habitude est coupable, il transige avec sa conscience, il ment à l'art qu'il
exerce, pour multiplier les malades autour de lui ; je dis
plus, il flatte un goût dépravé, il viole toutes les lois
de l'hygiène en empêchant de gaîté de cœur l'utile coagulation du lait, et le rend éminemment nuisible. On
peut aisément, par une expérience point coûteuse, à
la portée de tous, se convaincre de la funeste action du
liquide amalgamé de la sorte sur l'appareil digestif, et
calculer les ravages secrets et lents qu'il porte aux
élémens de la vie. En été, on ne pourrait conserver à
l'air libre, plus de huit à douze heures, du lait et de la

crème, sans voir l'un tourner et l'autre s'aigrir, tandis que le lait et la crème additionnés de café, de thé, de chocolat, traversent cet espace de tems sans témoigner la plus légère altération ; ils sont même susceptibles de subir l'approche du feu deux, trois et quatre jours après, sans rien perdre de leur consistance ni de leur saveur. Introduit dans l'estomac, ce mélange indigeste y demeure ainsi plutôt comme lest que comme aliment ; il ne nourrit nullement et, à la longue, il porte atteinte au système nerveux ; il engendre la consomption et détermine tantôt de longues irritations gastriques, d'affreuses crispations, des dévoiemens opiniâtres, et tantôt, selon la force de l'individu, des constipations plus ou moins prolongées. On doit l'accuser du nombre toujours croissant des pulmonies, des phthisies, des maladies si cruelles de l'utérus qui déciment chaque année les filles et les femmes, dans les cités comme dans les villages où l'usage fatal du café au lait se voit adopté. Ce triste tableau n'a rien d'exagéré, j'enregistre des faits sous la dictée d'une investigation délicate, minutieuse, approfondie sous diverses latitudes, et, puisque j'écris pour le bien de tous mes semblables, j'appelle sur eux l'œil et le cœur de la mère de famille jalouse du bonheur de ses enfans. Je sais très bien qu'il y a des tempéramens, comme le mien, (que j'ai aguerri par la sobriété, par mes longues et pédestres pérégrinations, par le travail), qui peuvent impunément user du mélange que je signale;

mais pour quelques exceptions rares, est-il raisonnable d'entrer dans une route périlleuse et d'y persister ?

Lorsqu'on s'aperçoit que le lait a reçu de certains végétaux, d'ailleurs reconnus d'une bonne nature, une odeur et une saveur désagréables, on peut le corriger en le versant en un vase d'étain que l'on plonge jusques aux bords, et durant un quart-d'heure, dans de l'eau bouillante ; on bat la liqueur pendant quelques instans, et il n'est point rare de la voir se débarrasser bientôt de ce qui la rendait étrangère à elle-même. En certaines localités, on lui fait simplement subir l'ébullition ménagée au bain-marie ; en d'autres, on jette dedans de la racine râpée de raifort sauvage, *cochlearia armoracia*. Veut-on la conserver plusieurs jours à l'époque des grandes chaleurs et l'envoyer à certaine distance sans crainte d'altération ? on prend des bouteilles bien saines, parfaitement inodores, dans lesquelles, après les avoir lavées à l'eau pure, sans recourir à l'emploi, toujours fâcheux, du plomb, on verse le lait au sortir même du pis, on ferme hermétiquement avec du liége et l'on consolide le bouchon au moyen d'une bonne ficelle que l'on croise, ou mieux encore avec du fil de fer ; on stratifie ensuite les bouteilles dans une chaudière avec de la paille hachée, afin de prévenir entre elles tout contact direct et par suite la casse. La chaudière remplie d'eau se met sur le feu ; dès que le liquide jette un premier bouillon, on retire la chaudière, on laisse refroidir, et quand l'eau et les bouteilles sont tout-à fait froides , on fait couler la première , on enlève les secondes et on les porte au cellier , ou bien dans une cave plutôt sèche que humide. Ce moyen est infaillible , on en a la certitude par des caisses de bouteilles ainsi traitées , parties de l'Amérique septentrionale pour l'Inde , puis expédiées des rives fleuries du Gange sur les ports du Sund, la clé de la Baltique : le lait qu'elles contenaient , après deux années de date et de voyages sous des températures si opposées , a été trouvé excellent et bu avec délices.

Les bergers des vallons nombreux et des coteaux pittoresquement amoncelés du pays de Bigorre dans les Hautes-Pyrénées , ont un procédé plus simple , plus prompt et non moins certain. Ils enferment le lait en des vases de grès , et vont les déposer en de jolis bassins d'eau vive qui sont entourés de gazons émaillés de mille fleurs diverses et peu ou point exposés à l'irruption violente des neiges , des glaces et des rafales. Là , recouverts par des tables de pierre , ces vases se trouvent dans une température si froide, qu'elle excède de fort peu le terme de la congélation , et traversent les chaleurs les plus accablantes et les plus longues , sans troubles comme sans crainte de voir se coaguler le liquide précieux qu'ils enserrent.

SOPHISTICATIONS DU LAIT ET MOYENS DE LES RECONNAITRE. — Avant de boire le lait que l'on n'a point vu traire, il est bon de s'assurer s'il n'est point altéré par de perfides sophistications. L'on n'est point assez en garde contre les fraudes sans nombre que commettent les marchands. Le besoin de tromper a pénétré dans leurs différentes classes ; il est devenu pour eux aussi inhérent que la pesanteur l'est aux corps graves : c'est une triste vérité qu'on ne saurait trop répéter pour tenir sans cesse éveillé sur eux l'œil de la police municipale et appeler sur les habitués toute la rigueur de la justice. D'éclatans exemples sont devenus nécessaires, de la dernière urgence, afin de rendre au commerce le rang honorable qu'il aurait dû conserver, en dénonçant à l'opinion publique les vils spéculateurs, les êtres ignobles et dégradés, haut et bas placés, qui l'avilissent chaque jour de plus en plus. L'impunité est le poison social, la contagion gagne de vitesse, et pour l'arrêter, il faut des lois très sévères et rigoureusement exécutées.

Redisons que le bon lait de vache n'est ni trop clair ni trop épais. A une couleur d'un blanc mat, il unit une saveur douce et une odeur agréable. Comment le prive-t-on de ces diverses qualités, et comment les reconnaitre ? c'est ce que nous allons apprendre.

La sophistication la plus simple et la plus ordinaire consiste à enlever le plus possible de crème et de la remplacer par de l'eau ; cette addition que le lait admet en assez forte proportion sans rien perdre en apparence de sa blancheur, (quand la dose est trop forte le lait bleuit), n'a réellement aucun inconvénient pour la santé, mais c'est un vol, un abus de confiance : elle dépouille la liqueur d'une grande partie des ses propriétés nutritives. Les nourrisseurs opèrent ce mélange dans l'étable auprès de l'animal ; ils ont avec eux une pompe peinte en noir, qu'ils nomment par dérision la *vache noire*, à l'aide de laquelle ils ajoutent de l'eau à mesure de la traite. J'en ai fait la remarque à diverses reprises et chez le plus grand nombre, aussi suis-je très éloigné de partager les éloges, sans doute intéressés, que certains médecins et agens de salubrité donnent au lait qui sort de leurs mains. Outre le fait que j'articule, il a encore contre lui de provenir de vaches tenues en perpétuelle stabulation.

Le lait frélaté avec une portion de jaune d'œuf et de caramel, avec des restes de fromages dits à la pie, avec de la farine, de l'amidon ou tout autre fécule, fournit une sorte de bouillie visqueuse ou plutôt de gelée dès qu'on l'approche du feu; le lait blanchi par l'émulsion d'amandes douces ou par celle de la graine de chervis, *sium sisarum*, prend, en chauffant, une saveur rance, il s'attache au fond du vase et y brûle lors même que le charbon ne serait pas absolument incandescent. A-t-il bouilli, on le voit tourner aussitôt.

Une autre sophistication que l'on ne saurait trop dénoncer est celle d'unir au lait écrémé une mixtion préparée avec la substance cérébrale du mouton, on a dit à tort de chevaux; elle est d'autant plus difficile à découvrir de suite, que ce lait additionné soumis à l'éprouvette, fournit les mêmes degrés de densité que le lait pur, c'est-à-dire non écrémé, quoiqu'en effet il soit prodigieusement étendu d'eau. Les laitiers, pour commettre avec impunité ce vol manifeste, font macérer dans de l'eau bien propre des cervelles de mouton, après avoir enlevé les membranes et toutes les portions des vaisseaux sanguins ; ils triturent ensuite les cervelles en y ajoutant de l'eau, et obtiennent ainsi une émulsion qu'ils passent et mélangent avec du lait dépouillé de toute sa crème. En y faisant attention, le lait falsifié de la sorte n'a plus cette couleur, d'un blanc légèrement nuancé de bleu, du lait naturel, il est d'un blanc mat tirant sur le gris sale ; il laisse sur le verre une substance qui ressemble à une poudre blanchâtre très fine, tenue en suspension ; son goût est fade, pâteux , quelque chose qui rappelle et la chair du mouton et le suint de la laine. Au microscope, on aperçoit des débris de vaisseaux sanguins , de longs filamens de tissus nerveux, dont la masse égale le tiers ou le cinquième des globules du lait.

La mixtion de la potasse ou de la chaux pour empêcher le lait de se coaguler avant la vente, constitue un crime tellement rare que je le soupçonne plutôt le cauchemar d'un esprit malade qu'un fait réel ; quoiqu'il en soit cependant, si l'on soupçonne une pareille addition, on la découvre en versant dessus du fort vinaigre, son action produit à l'instant même une vive effervescence ; d'ailleurs à l'œil nu l'on reconnaît que la liqueur n'est point naturelle.

La négligence aussi bien que la malpropreté causent souvent des désordres notables. Si les vases dans lesquels on enferme le lait sont en cuivre mal étamé, ou bien en terre mal vernissée, le lait ne tarde pas à devenir très âcre, il est de plus vénéneux. Ces sortes de vases, proscrits à Paris et dans ses environs, sont remplacés par d'autres en ferblanc.

A l'appui de ces examens, il fallait un instrument qui vint ajouter la certitude au concours de l'œil, du goût et de l'odorat ; il fallait un instrument facile, propre à faire distinguer d'une manière évidente et prompte le lait vierge, le lait qui possède véritablement toutes les conditions requises, et qui signalât les divers degrés de la sophistication. Cadet de Vaux, qui sut mériter à tant de titres les bénédictions du pauvre, qui fit tant pour élargir le cercle des jouissances domestiques, s'en occupa, et en 1804 il inventa le *Galactomètre ;* il en gratifia les personnes intéressées à trouver dans le régime du lait les salutaires effets qu'elles en attendent. Le galactomètre est un aréomètre ordinaire construit d'après la méthode de Baumé, (voir la figure 2). Le zéro placé au sommet du tube en verre indique le maximum du meilleur lait pur. Est-il dépouillé de sa crème, il marque 1 degré ; contient-il un quart d'eau, le tube s'arrête à 2°; à 3°, il y a un tiers d'eau; à 4° le liquide s'y trouve pour la moitié. Moins le tube est couvert, plus l'eau surabonde.

D'autres pèse-laits ont été depuis imaginés. Celui que les uns attribuent à Joseph Banks, le compagnon de Cook, et les autres au fondateur de la grande ferme de Hofwil, près de Berne, est un tube en verre, muni d'un pied, de la contenance d'un peu plus de deux décilitres, divisé en cent parties. Le zéro correspond à cette capacité; les cercles marqués demi-décilitre, un décilitre, et un décilitre et demi, font connaître les proportions exactes des mélanges frauduleux. Au chiffre 10, le lait contient dix pour cent de crème, au chiffre 20 il n'en offre plus que vingt pour cent; etc. Comme on le voit, le lactomètre ressemble infiniment à celui de Cadet de Vaux, sans cependant être aussi simple.

En 1818, j'ai fait connaître un autre galactomètre de l'invention du Suisse Néandre. En voici la construction. On assujettit verticalement à un support, un cylindre de verre de 27 à 32 centimètres de haut sur 27 millimètres de diamètre uniforme. On divise la longueur du cylindre en cent parties égales, indiquées par une échelle adaptée à l'extérieur du cylindre. Cette échelle tantôt est marquée sur une bande de papier, et enduite de vernis pour la préserver de l'humidité; tantôt, ce qui est préférable et plus exact, elle se voit gravée sur le cylindre, au moyen de l'acide fluorique. Quand on remplit le cylindre de lait frais, la crème s'empare peu à peu de la partie supérieure; l'on compte les centièmes sur le cylindre transparent. Il est bon d'éviter l'emploi des tubes trop étroits, parce que la crème se sépare moins facilement, surtout lorsque le lait est très gras. Si l'on désire connaître la quotité des parties caséeuses, on les sépare en ajoutant de la présure ou de l'acide : elles se précipitent aussitôt au fond; mais, dans le galactomètre-Néandre, elles ne se décomposent pas assez exactement : on réussit mieux et d'une manière plus prompte, plus facile, hors de l'instrument. Le caséum s'obtient par l'addition d'un quart ou d'un cinquième pour cent de présure (1) que l'on ajoute au lait chauffé jusqu'à 32 degrés centigrades, en agitant le fluide. Le serai s'obtient, à son tour, en additionnant quatre à cinq pour cent de vinaigre, à la température de l'eau bouillante ; les deux parties se séparent à l'aide d'un filtre, et leur poids peut ensuite être déterminé dans leur état de siccité. Quoique accepté dans divers châlets des Alpes, je doute fort que le galactomètre-Néandre soit de nature à répondre aux besoins de la laiterie.

En voici encore un nouveau. Il date de septembre 1841, et est désigné sous le nom de *Lacto-densimètre*, parce qu'il fait, dit son auteur, connaître positivement la pesanteur spécifique ou densité d'un litre de lait pur,

____

(1) C'est-à-dire, une partie de présure sur quatre à cinq cents parties de lait.

la quantité de crème qu'il contient, et s'il est étendu d'eau depuis trois jusqu'aux cinq dixièmes de son volume. Le lacto-densimètre part du chiffre 42 pour arriver à celui de 14 ; ce dernier occupe la tête du tube, le premier est voisin du réservoir où repose le condensateur. Le lait pur, ayant toute sa crème, fixe le lacto-densimètre au chiffre 30 ; celui que l'on a écrémé donne 33 1/2 ; s'il est étendu d'un dixième d'eau 29 ; de deux dixièmes, 26 ; de trois dixièmes, 23 ; de quatre dixièmes, 20, et de cinq dixièmes 16 à 14. Cet instrument, adopté maintenant pour la réception du lait dans les hopitaux de la capitale, est de l'invention de T. A. Quevenne, pharmacien de la Charité, à Paris.

Quel que soit le mérite de chacun de ces pèse-laits, je n'en vois point encore de plus populaire, de moins coûteux que le galactomètre de Cadet de Vaux ; il sera très long-tems celui de la mère de famille.

CHAPITRE V.

EXAMEN DES PARTIES CONSTITUANTES DU LAIT.

Naturellement le lait ne demeure pas long-tems dans son état primitif et de pureté ; les élémens hétérogènes

(1) qui se mèlent à ses principes constituans, s'altèrent bientôt, deviennent acidifiables, rompent alors leur état de cohésion, et profitent de l'extrême solubilité de ces mêmes principes pour en détruire l'entière homogénéité. Le premier mouvement perceptible du fluide alimentaire, d'abord passé au tamis de crin, puis, encore chaud de la chaleur de la vache, mis, sans trop l'agiter, en des vases peu profonds, d'un petit diamètre et tenus en un lieu frais, est de se diviser en deux couches distinctes ; l'une plus légère, onctueuse, gagne lentement la surface qu'elle envahit entièrement, et couvre d'une nappe plus ou moins épaisse, c'est ce qu'on appelle la *crème* (2) : tandis que l'autre, d'une plus grande densité, d'une couleur moins opaque, forme la couche inférieure et consti- tue le *lait écrémé*.

La crème perd peu à peu de son onctuosité, des grumeaux solides, jaunes, opaques, s'agglomèrent entre eux et donnent le *beurre*.

La portion qui ne se concrète point est un fluide demi-transparent, blanc à reflet jaunâtre, d'une odeur et d'une

(1) Les principaux sont l'acétate de potasse et une matière extrac-tiforme.

(2) La chimie nous apprend qu'elle est composée de stéarine, d'é-laïne, d'une substance colorante, des acides butirique, lactique, acétique et carbonique, de chlorure de potassium, de phosphate de chaux, etc. Les Grecs ni les Latins n'avaient point en leur langue de terme pour désigner la crème. C'est Fortunat, écrivain du sixième siècle de l'ère vulgaire, qui le premier s'est servi du mot *Crema*, dans le dixième livre de ses poésies, pièce 13, v. 2.

, saveur douce, dit *lait de beurre ;* ces caractères le rapprochent du lait écrémé, mais il a de plus quelques parties butireuses, tellement incorporées avec lui, que le repos ne suffit plus pour les séparer.

Comme la crème, le lait écrémé nous donne lieu à plusieurs remarques. Le premier tiré est très divisé, bleuâtre, et paraît avoir été mêlé à beaucoup d'eau ; tandis que le second se montre d'une belle couleur jaunâtre ; il a de la consistance et, au goût comme à l'œil, il ressemble plus à de la crème qu'à du lait. Dans la maison rurale, il subit divers emplois. Tantôt, et c'est le plus habituellement, il sert à nourrir les maîtres et les valets ; tantôt on le convertit en fromage ou bien on le destine aux jeunes veaux ; tantôt enfin il sert dans la boulangerie à faire le pain au lait. Quant au lait de beurre, on l'ajoute d'ordinaire au lait écrémé conservé pour la fabrication du fromage ; mais cette adjonction serait nuisible si la crème se trouvait un peu ancienne, le fromage et le petit lait qui en découle se coaguleraient ensemble. Durant les grandes chaleurs, le lait de beurre offre aux ouvriers qui travaillent dans les champs, à l'ardeur du soleil, une boisson salutaire et convenablement rafraîchissante.

Outre le beurre, la crème fournit encore deux autres corps distincts, le *caséum* ou caillé et le *sérum* ou petit lait. Nous devons, avant d'aller plus loin, examiner l'un après l'autre ces trois produits dans leur état de spontanéité ; des moyens naturels nous arriverons, en tems opportun, à ceux que l'industrie a inventés pour les obtenir plus parfaits.

Répétons d'après notre illustre maitre et ami Parmentier : « La crème possède une foule de propriétés » analogues à celles des corps gras ; elle est un des dissolvans les plus propres à extraire la matière teignante » de certaines substances végétales ; si le lait jouit d'un » grand avantage contre les poisons, la manière dont la » crème se comporte avec les acides, les alcalis et les » sels la rend bien plus efficace encore : il n'existe pas » d'antidote aussi puissant. »

La crème fraiche est un manger fort délicat, mais indigeste ; c'est pour cela qu'on l'emploie de préférence comme assaisonnement.

Du beurre. — Corps mou, d'une saveur douce, agréable, légèrement aromatique, d'ordinaire d'une belle couleur jaune, quelquefois, surtout en hiver, elle passe au blanc mat ; susceptible de se liquéfier à une température de 22 à 25 degrés centigrades, tandis qu'il prend une consistance assez ferme exposé au froid (1). On l'obtient de préférence du lait de la traite du matin ; celui du soir est plus clair, moins consistant et ressemble beaucoup aux premières gouttes de lait données par la

____

(1) Selon l'analyse chimique, il est composé de stéarine, de deux sortes d'huiles (la butirine et l'oléine), d'un acide, d'un principe colorant, et d'un autre aromatique (Chevreul).

vache qui vient de vêler, lait que, dans certaines localités des départemens de la Seine-Inférieure, de l'Eure et du Calvados, on garde pour en jeter dans la baratte et donner au beurre un goût plus fin : je n'accepte point cette conséquence : le premier lait n'est rien moins que bon, ainsi que nous l'avons vu plus haut. Il ne faut point que la liqueur soit trop épaisse, elle fournirait peu de crème, et par conséquent moins de beurre.

Le beurre de mai, parfaitement délaité, est délicat, appétissant ; le meilleur et le plus fin se préfère à tout autre, comme le dit Olivier de Serres, pour sa belle couleur dorée et sa grande délicatesse ; celui d'août et de septembre, tems du regain, est bon et se conserve bien, mais celui de l'hiver est de moindre qualité et ne peut se garder (1). Le beurre du printems doit son double avantage aux portions du caséum qu'il enserre, ce sont elles qui lui communiquent ce goût de frais, cette saveur douce, agréable, tant recherchés des gourmets.

Pour le conserver long-tems en cet état florissant, on le tient sous une eau limpide, souvent renouvelée, enveloppé de linge fin. Le froid prolonge sa durée, ainsi que le choix du local où on le tient à l'abri du contact de l'air, même le plus pur. Le beurre frais est un aliment aussi sain qu'il est nourrissant pour tous les estomacs, pour

(1) Olivier de Serres, *Théâtre d'Agriculture*, IV lieu, chap. 8. Parmentier et Deyeux. *Précis d'expériences sur le lait.*

ceux-là même qui ne peuvent digérer le lait. Comme médicament il est très utile et fort usité.

Le beurre fait dans la journée donne un cinquième et même un sixième de poids en plus que celui fabriqué plus tard ; il réunit aussi plus de qualité et de saveur.

Le beurre a fort long-tems été inconnu des Grecs, quoiqu'il fût, de leur tems, fabriqué par les Pœoniens (1); les Romains le regardaient comme l'aliment propre aux Barbares ; aussi le voit-on encore peu employé par leurs descendans, qui lui préfèrent l'huile extraite de l'olive ; il en est de même dans nos départemens du Midi, où ils eurent de nombreuses colonies. Hérodote (2) nous dit positivement que le beurre est une découverte des Celtes et des Scythes de la Germanie ; il est à présumer qu'ils durent cette précieuse découverte à l'usage qu'ils avaient de transporter du lait partout où ils se rendaient, mais ce qui est incontestable, c'est qu'ils l'ont fait apprécier par la vieille Égypte et les nations de l'Asie chez lesquelles ils ont porté leurs armes et leur industrie. Dès que le Persan l'eut reçu, il abandonna de suite l'huile pour adopter le régime diététique du beurre. Ce fut aussi nos aïeux qui répandirent partout l'art de réduire le caséum en fromage, ainsi que nous le dirons plus bas. Si le *chemath* des anciens livres hébreux (3) est positi-

(1) Au rapport d'Hécatée, très ancien écrivain grec, cité par Athénée, x, 14.

(2) *Hist.* iv. 2 et 49.

(3) *Genèse,* xviii, 8 ; *Deutéronome,* xxxii 14; *Job,* xx. 17, *Samuel,* ii, 17, v. 29.

vement notre beurre ; si le *tyros* que les Spartiates man-
geaient en commun au souper des Phédities (1) est le caséum préparé sous forme de fromage; si, dis-je , ces deux
substances étaient pour eux une tradition sacrée des
tems passés, il faudrait cependant croire que les peuples
primitifs de l'Asie , peuples essentiellement pasteurs ,
avaient aussi fait la même découverte que les habitans
de l'Europe septentrionale. Je ne le pense pas, et j'estime que le chemath n'était qu'une sorte d'huile figée ,
comme l'était, au rapport d'Hécatée , liv. 2, de sa *Pe-
riégèse,* l'aléiphonta que les Pœoniens employaient pour
l'additionner à l'espèce de bouillon (*parabia*) préparé
avec la farine de millet et de conyze , comme l'est encore
ce qu'on appelle le beurre des Kalmuks et des autres
tribus Mongoles. Le tyros n'était autre que le pain de
lait aigri et caillé nommé par les Italiens la *pressata* ,
qu'ils mangent avec des châtaignes cuites dans l'eau ,
ainsi que le faisaient leurs ancêtres et les bergers dont
nous entretient Virgile en ses bucoliques :

Castaneæ molles, et pressi copia lactis (2).

Du CASÉUM. Matière azotée que la fermentation rend
odorante, savoureuse et piquante ; c'est la partie la plus
alimentaire du lait ; elle en représente environ le seizième. Quand on la met à égoutter et qu'elle est le plus
possible privée de sa sérosité, sa masse ou ses flocons gre-

(1) Dicæarque en son *Tripolitique ,* cité par Athénée, liv. IV,
chap. 8.

(2) Virgilius, *Ecloga* 1. v. 82.

nus sont doux, à demi cassans, et prennent le nom de *caillé;* les sels en retardent la décomposition. Quoique l'on fasse, le caséum n'est jamais absolument pur, il renferme toujours dans ses molécules une certaine quantité de sérosité ; s'y trouve-t-elle abondante , le caséum offre une sorte de gelée blanche, ou pour mieux dire de frangipane molle, très légère, douce, agréable, dont, sur la chaîne du Causse de Larzac, département de l'Aveyron, on prépare un mets délicieux, rafraîchissant, ami de l'estomac, mais qui doit se consommer sur les lieux mêmes, à cause de son extrême tendance à s'aigrir et à se pourrir par suite d'une fermentation très prompte. Séparé artificiellement de son principe acide , à l'aide d'une forte pression , le caséum devient sec, tout-à-fait cassant, et peut se garder quelque tems ; pour le rendre digestif, il faut l'additionner de sucre ou de sel, suivant le goût. Il est possible de l'amener à l'état le plus voisin de pureté, c'est-à-dire le rendre diaphane ; mais pour y parvenir il importe de le dépouiller entièrement du beurre qu'il recèle dans ses parties moléculaires.

Du sérum. — Partie aqueuse très compliquée du lait, dont elle forme environ les neuf dixièmes ; elle contient du beurre et de la matière caséeuse , qui ne tardent pas à déterminer une altération spontanée ; on lui trouve de plus une matière végéto-animale, laquelle , à son tour , tient en dissolution une substance singulière, blanche, à saveur fade et terreuse, occupant le milieu entre le sucre et la gomme. Elle cristallise au deuxième degré ; ses cristaux, demi-transparens, d'abord jaunâtres, puis blancs, ont la forme de parallélipipèdes réguliers, terminés par des pyramides à quatre faces, ce qui lui fait donner tantôt le nom de *sucre de lait*, tantôt celui de *sel de lait*, et dans le langage scientifique celui de *acide mucique*. On la prépare en grand dans les montagnes de la Suisse ; elle jouissait déjà, durant le blocus continental, depuis un certain nombre d'années, d'une certaine réputation ; mais depuis que les relations maritimes sont rétablies, elle a beaucoup déchu, son usage est aujourd'hui très borné. La fraude s'en est emparée pour sophistiquer la cassonnade ; quand ce produit est soumis à l'action de la chaleur, il fournit du caramel, une huile empyreumatique ayant l'odeur du benjoin, et une matière blanche acide. Il décrépite, se boursouffle et exhale un fumée également blanche.

Le sérum que, autrefois, nous appelions *mesgue* et que nous désignons maintenant sous l'expression vulgaire *petit-lait*, est en même tems nourrissant, adoucissant et laxatif. A ceux qui douteraient de la première de ces assertions, je citerai l'exemple du célèbre médecin Boerhaave, qui vécut plusieurs mois de suite avec du sérum, et l'emploi que l'art de guérir en fait dans les maladies chroniques justifie suffisamment les secondes. Dans quelques contrées, le petit-lait est admis sur les tables, après qu'on a su lui ajouter du sucre, de la fleur d'oranger et quelquefois des amandes broyées. En général, on l'a abandonné comme médicament, à cause de la difficulté de le conserver long-tems sans altération ; l'industrie s'en est emparé pour le blanchiment des toiles, pour la préparation des peaux et autres usages.

Le meilleur parti que l'on puisse en tirer dans la maison rurale, c'est de l'administrer aux animaux domestiques, non pas en nature, ce qui dévoie les jeunes bêtes, mais comme base des pâtées ou bouées qu'on leur destine, et qui sont préparées et cuites avec des racines, du son, des recoupes, etc.

CHAPITRE VI.

—

DES DIFFÉRENTES SORTES DE LAIT.

Il y a plusieurs sortes de lait ; outre celui de la vache, dont nous venons de nous occuper, on en obtient encore de diverses autres femelles mammifères, telles que l'ânesse, la chèvre, la brebis et la jument ; dans les pays chauds on ajoute la chamelle et la bufflesse ; dans les régions septentrionales, la renne. Disons quelques mots de chacun de ces laits.

LAIT D'ANESSE. — Après le lait de vache, le plus lait de tous, selon l'expression du docteur Gabriel Venel, le lait d'ânesse occupe la première place ; c'est, pour la consistance, celui qui a le plus d'analogie avec lé lait de femme. Il est constamment alcalin et en général péu savoureux, quoiqu'il n'offre ni plus de matière caséeuse, ni plus de beurre, et presque autant de ce qu'on appelle sucre de lait, avec une plus grande somme de sérum. Il n'aime pas à être exposé à l'air libre qui l'altère bientôt. Sa crème est peu épaisse ; le beurre qu'on en retire est mou, fade, blanc, très prompt à rancir. En hiver, on le prendrait pour de l'huile figée ; le caséum n'adhère presque pas au sérum, le repos suffit pour l'en séparer sous forme de molécules très fines. Pour que le lait d'ânesse réunisse toutes les qualités qui lui sont propres et qui, depuis la plus haute antiquité, le rendent si utile à la médecine pour combattre avec succès les irritations de la poitrine et la consomption à son début, il faut que l'animal soit bien logé, nourri de bons fourrages, tenu très proprement et traité sans cesse avec douceur. On ne doit point l'obliger à courir pour aller se faire traire chez les malades une : semblable agitation nuit au lait.

Quand l'ânesse mange des carottes, son lait, devenu plus abondant, prend une couleur orangée, et exhale l'odeur aromatique de cette excellente ombellifère. Lui donne-t-on des betteraves rouges, il est plus riche et en reçoit une légère teinte rosée.

LAIT DE CHÈVRE. — La chèvre, que l'on a nommée la providence du pauvre, fournit deux fois plus de lait que la meilleure brebis ; partout où elle est bien nourrie et soignée, cette quantité s'élève à trois et quatre litres par jour durant un bon nombre d'années, aux pays chauds surtout, plus que dans les régions froides (1). Rozier en cite une de nos départemens du Midi, qui donnait encore régulièrement un litre de lait par jour, parvenue qu'elle était à sa dix-huitième année.

Le lait de chèvre est très blanc ; son odeur, qui rappelle celle de la transpiration de l'animal, principalement à l'époque du rut, et sa saveur hyrcine éloignent d'abord d'en faire usage ; mais une fois que l'on a vaincu la répugnance du premier moment, on s'y façonne volontiers. Il contient plus de caséum que celui de vache, mais, d'un autre côté, il est plus visqueux et moins épais. Sa crème est d'un blanc mat, le peu de beurre qu'on en retire unit à la fermeté une saveur douce, fort agréable, et s'il a l'inconvénient d'être toujours blanc, il a la propriété de se garder fort long-tems sans prendre le goût repoussant de rance. Son caillé, d'une bonne consistance, a le tissu fibreux quand le petit-lait en est entièrement séparé, aussi est-il devenu la base d'une industrie et l'aliment d'un commerce fort important. Le sérum fournit peu de sucre de lait ; conservé pendant quelque tems, en lieu frais, et dépuré,

(1) Dans les contrées habituellement froides et humides, le corps de sa mamelle n'est presque qu'un corps graisseux ; dans les pays tempérés et chauds, il est, au contraire, entièrement organe sécrétoire.

il offre une boisson agréable , salubre, rafraîchissante. A l'état d'ébullition et mêlé avec du lait froid, il produit une écume blanche, épaisse, sur laquelle on verse du lait aigri. Ce coagulum est , sous le nom de *brocotte,* la nourriture ordinaire des markaires de nos Vosges et le régal de ceux qui les visitent. La piquante saveur de ce mets plébéien lui a fait trouver grace chez le riche dédaigneux , il figure sur sa table somptueuse. Celui que j'ai mangé sur le mont Derocca près de Vigolo-Vattaro, dans le Tyrol italien , est très recherché en Allemagne. Je l'ai retrouvé sur les Alpes de la Savoie, sous le nom de *cerace,* et sur la chaîne méridionale de l'Apennin sous celui de *ricotta.*

Le lait de la chèvre sans cornes qui habite l'Espagne , celui des chèvres du Thibet et du Kachemire sont beaucoup plus riches en matière sucrée que le lait de notre chèvre commune ; le beurre est abondant , sans arrière-goût, le caillé tres délicat et de facile digestion. Le lait des chèvres blanches n'a point d'odeur forte, aussi se trouve-t-il plus recherché. Quelle que soit la couleur de la robe et le pays habité par l'animal, son lait est sujet à prendre l'arôme des plantes qu'il rumine. S'il broute les feuilles d'un vert foncé qui garnissent les rameaux diffus du lentisque, *pistacia lentiscus,* ou bien les feuilles lyrées et les bourgeons des chênes, son lait est légèrement astringent ; il purge quand la chèvre se repaît du feuillage et des tiges du garou , *daphne alpina,* de la tithymale , *euphorbia peplis* , de la clématite , *clematis vitalba* , etc.

Le lait de chèvre est très recommandé par les médecins dans plusieurs maladies, et pour rétablir les estomacs délabrés. Depuis que la mythologie grecque , qui savait tout caractériser et tout embellir , a dit qu'il avait servi de première nourriture à Jupiter , on le donne aux enfans privés du lait maternel , soit par suite de maladie , de mort ou de pénurie , soit pour obéir à la mode. Le lait de chèvre leur convient beaucoup mieux que celui des nourrices mercenaires. Quand l'animal prête son pis à l'enfant , il enchaîne sa pétulance , il impose un frein à la rapidité de ses mouvemens , il éprouve du plaisir à satisfaire son appétit ; au premier cri qu'il entend , il accourt toujours avec le même empressement , il s'acquitte de sa tâche avec complaisance et affection : c'est un spectacle attendrissant capable d'arracher des larmes , de ranimer le cœur de la femme coquette qui ne nourrit pas elle-même l'enfant auquel elle a donné la vie.

Lait de brebis. — Le lait de brebis est le plus gras de tous ; il affecte le goût d'une manière peu flatteuse ; il donne assez de crème , mais le beurre est huileux ; il manque tellement de consistance qu'il fuse à la plus légère chaleur et rancit promptement, si l'on n'a pas eu le soin de le laver à plusieurs reprises : c'est fâcheux , car cette substance est fort abondante. La matière caséeuse conserve toujours un état visqueux , elle n'est ni tremblante , ni gélatineuse et ne forme point de caillots. Le sérum est peu abondant , et contient en outre très peu de sucre. Si l'humaine industrie n'avait su tirer parti de ce lait , on aurait tort d'en frustrer les agneaux. Je suis loin de croire , avec ceux qui le disent , que le lait de brebis enlevé par la traite est la cause de la dégénération de l'espèce , et qu'en la faisant sur la femelle du mérinos, on s'oppose à la propagation des moutons à longue et fine laine.

Pallas et Bergmann nous apprennent que, pour traire leurs brebis , ce qu'ils font rarement , les tribus Mongoles et surtout les Kalmucks les attachent , la tête en avant , toutes dans un cercle formé par une corde , puis on va successivement à chacune d'elles. Le lait sert pour confectionner des fromages.

LAIT DE JUMENT. — Comme le lait de jument contient beaucoup de sulfate de chaux , il se couvre de très faibles portions d'une crème claire et jaunâtre , et le beurre qu'on en retire fort difficilement est fluide , de mauvaise qualité. La proportion de la matière caséeuse est très minime et presque inséparable de la crème. Ce lait n'a donc aucune des propriétés de celui de la vache, il est moins séreux que celui d'ânesse ; il a le goût de l'eau de lessive, mais il est riche en sucre de lait. Cependant, de même que les Scythes dont parle Hérodote, le hordes tatares qui leur ont succédé , ainsi

que les Kosaques, ont su trouver les moyens d'en obtenir, en agitant sans cesse le lait dans des vaisseaux de
bois, du beurre, du fromage et une liqueur spiri-
tueuse aigrelette avec laquelle ils s'enivrent. L'effet du
mouvement s'oppose à la séparation des parties constituantes du fluide, qui sont très légèrement agglomérées
ensemble, et les oblige à fournir leurs principes au produit qu'on leur demande. Le *leban* des Arabes, le *yaourt*
des Turcs sont des boissons à peu près semblables, dont
le lait de jument fait la base. Ces différentes liqueurs
s'aigrissent en vieillissant, elles finissent le plus souvent
par se dessécher sans jamais donner le moindre signe de
putréfaction. Dans l'état de siccité, on les conserve très
long-tems, et l'on s'en sert en les étendant d'eau, ou bien
en en laissant fondre des morceaux dans la bouche. Les
Kalmucks distillent le lait de jument et en obtiennent un
alcool plus fort que l'eau-de-vie de grains. Ce lait n'est
point usité en France, il pourrait l'être comme médicament.

LAIT DE CHAMELLE. — Des quatre mamelles de la
chamelle, il sort un lait épais, huileux, abondant, fort
estimé chez les Orientaux; ils le consomment en nature,
ils en font du beurre et des fromages. Les Arabes nomades et sédentaires, dans les âges les plus reculés
comme aux tems actuels, se nourrissaient de ce lait, et
se servaient de l'animal pour monture habituelle, comme
Aristophane nous l'apprend dans ce vers, conservé par

Suidas : *Comment, puisqu'il est Mède, vient-il à Athènes sans chameau ?* (1). Strabon et Pline nous apprennent que ce fut une privation cruelle pour Ælius Gallus et pour les soldats romains qu'il commandait, de se voir obligés à faire usage du beurre de chamelle pour remplacer l'huile d'olive qui leur manquait. Les chamelles qui paissent sur les steppes du Volga et sur presque toutes celles du sud de la Grande Tartarie, où tous les pâturages sont remplis de fleurs et de plantes salées, donnent un lait salé fort recherché pour le thé.

LAIT DE BUFFLESSE. — La femelle du buffle a aussi quatre mamelles ; mais, chose remarquable, elles sont placées sur une même ligne transversale ; l'animal s'irrite quand on veut le traire, et pour obtenir son lait, il faut le caresser ; il faut, comme je l'ai vu souvent dans les maremmes de Toscane et aux marais Pontins, chanter le nom qu'on lui a imposé ; la bufflesse veut aussi sentir son petit auprès d'elle, et qu'on recueille son lait par derrière, entre ses jambes qu'elle écarte comme pour donner à téter. Son lait, très blanc, clair, doux, sain, agréable, fort abondant et légèrement musqué, n'égale cependant point en bonté celui de la vache ; il est très riche en crème et en parties caséeuses, le beurre qu'on en retire est d'un blanc sale, mais de bonne qualité. De son caillé l'on prépare, dans la campagne de Rome, les *ova di buffola*, sorte de fromage très délicat auquel on

(1) Voyez au mot *Kamêlos.*

donne la forme d'un œuf ; il y en a de deux sortes , la première qualité que l'on vend aux riches , et la seconde qualité , dite *provatura,* destinée aux ouvriers et aux pauvres. Ces fromages sont nourrissans ; ils veulent être mangés de suite.

LAIT DE RENNE. — Quoique peu substantiel, le lait de renne fait la base de la nourriture des Lapons. Ils préparent avec ce lait des fromages qui ne sont point attaqués par les vers. La crème est parfaite; le beurre, trouvé blanc , insipide , peu abondant par Linné , pourrait devenir excellent si l'on connaissait l'art de le préparer convenablement. Le caillé se mange en été , uni aux grandes feuilles d'oseille , *rumex acetosa ;* en hiver on le cuit pour le garder plus long-tems. La renne fournit du lait depuis le mois de juin jusqu'à la fin de septembre , à cette dernière époque on le laisse geler en des vases de bois de bouleau : c'est le mets le plus distingué, sa saveur est attrayante, il flatte le goût; quand on doit le servir, on le place devant le feu , toujours ayant soin de le couvrir , de peur que l'air en le frappant ne le fasse jaunir et rancir ; il se mange à la cuiller à mesure qu'il se fond.

Comme je ne parle ici que du lait que l'on manipule dans la maison rurale , il est inutile de nous arrêter à celui des autres mammifères. Je néglige même celui de la vigogne et du lama, que l'on me dit employé chez les nations de l'Amérique Méridionale ; je n'ai d'ailleurs aucune donnée à cet égard.

CHAPITRE VII.

—

DE LA LAITERIE.

Le local où l'on dépose et conserve le lait, où il doit subir, sous la main de l'homme, des préparations plus ou moins variées, se nomme *laiterie*. Les principales de ces manipulations ont pour but d'obtenir un beurre de haute qualité, et de fabriquer des fromages, dont la pâte plus ou moins consistante et colorée, reçoit une forme particulière pour être ensuite, arrivée à son état de perfection, livrée par la voie du commerce à la consommation. La régulière confection et l'excellence de ces produits dépendent de la nature du lait, des soins que l'on apporte en tout, de la propreté des pièces et des ustensiles, de la situation et des ressources de la laiterie. La plus légère négligence sur un ou plusieurs de ces divers points entraîne les plus graves inconvéniens, les pertes surpassent alors les frais que nécessiteraient non seulement ce qu'il faut faire pour les éviter, mais encore pour faire de la laiterie une fondation digne de ce nom et des bénéfices légitimes que l'on attend d'elle.

Ainsi, je répudie la huche et même le bas d'armoire

que, dans beaucoup de pauvres localités, on consacre pour recevoir le lait provenant des traites de la journée, et que l'on tient d'ordinaire, durant la saison des frimas, dans un coin de la pièce où demeure la famille, où se fait la cuisine et où l'on couche, et que l'on transporte, au tems des grandes chaleurs, en la partie la plus fraîche et la plus voisine du courant d'air. Il est impossible de rien obtenir de bon avec d'aussi tristes ressources. Le lait s'y trouve sans cesse exposé aux mauvaises odeurs, aux variations incessantes de l'atmosphère, à des secousses, au contact des vases et des instrumens employés à d'autres services : et l'on sait qu'une seule de ces causes suffit pour l'altérer. D'ailleurs, ne pouvant user que des petites quantités que chaque jour rapporte, on est obligé de se servir de crèmes déjà vieilles ou pour le moins déjà voisines de la fermentation, ce qui donne au beurre un goût fort et au fromage une odeur repoussante.

Les conditions de la prospérité durable d'une laiterie proprement dite, ainsi que la certitude des avantages qu'elle assure, peuvent se réduire aux clauses suivantes: 1° le choix d'un lieu sec, aéré, tranquille, entouré d'arbres ou bien abrité par des bâtimens du côté du midi, parfaitement isolé de toute usine susceptible de communiquer de fortes commotions, de verser des torrens de fumée ou des odeurs pénétrantes; il faut en outre qu'il n'y ait auprès aucun foyer propre à charger l'air ambiant de miasmes fermentescibles, comme les eaux stagnantes qui servent de routoirs, les fumiers, les toîts à porcs ; les dépôts d'immondices, etc. ; — 2° une situation telle que l'air puisse être renouvelé à chaque moment, tant dans le bas que dans le haut ; que les vents impétueux ne s'y fassent point sentir et que la température habituelle y soit constamment entre le 10e et le 13e degrés centigrades, terme le plus propice à l'ascension régulière de la crème ; — 3° à ces deux bases essentielles il convient d'en ajouter une troisième : la laiterie a besoin d'être un peu souterraine, c'est-à-dire creusée au-dessous du niveau du sol, être voûtée ou du moins plafonnée avec soin, avoir ses croisées, ainsi que la porte, tournées vers le nord ; les premières se garnissent au dehors de volets en bois plein, et au dedans d'un canevas aux fines mailles, afin d'empêcher tout accès aux insectes ; les murailles, unies au moyen d'un enduit à la chaux sur lequel on met une couche de peinture au lait (1) ; le pavé dallé ou bien dont les pierres sont liées les unes aux autres par un ciment, ou mieux encore doublement carrelé en briques bien cuites ; on lui donne une pente légère, afin de faciliter l'écoulement des eaux, dont le conduit est extérieurement fermé par une toile métallique ou d'un grillage en fer à mailles très étroites et très fortes, pour résister aux entreprises des petits animaux rongeurs. — 4° L'eau étant absolument néces-

(1) Je donnerai plus bas, chapitre 12, les détails convenables sur cet objet.

saire, dans un état complet de fraîcheur et de pureté, l'on a le plus grand intérêt à ménager un réservoir dans le voisinage de la laiterie. S'il était possible qu'un filet d'eau courante y pénétrât au moyen de conduits et de robinets, on aurait le double avantage d'une grande économie de tems et d'une manipulation plus prompte, plus propre. Il importerait alors que le réservoir et les conduits fussent protégés par des arbres contre les rayons ardens du soleil, afin que l'eau y conservât toute sa fraîcheur.

Suivant l'importance de l'habitation et le genre d'exploitation auquel on se livre, la laiterie prend plus ou moins de développemens. Quand elle doit suffire aux seuls besoins de la famille, on peut lui donner, avec la largeur ordinaire (trois mètres ou trois mètres et un tiers), une longueur proportionnée au travail ; la placer dans le corps de logis, séparée des écuries et de la cuisine, mais pas trop loin, afin que l'œil de la maîtresse puisse embrasser l'ensemble des opérations intérieures, pour qu'elle puisse tout entendre, tout surveiller sans perdre de tems ni rompre tout-à-fait avec les choses commencées. L'essentiel est que l'emplacement destiné à la laiterie soit frais en été, chaud en hiver, commode et tenu très soigneusement. Mais est-elle construite exprès, elle doit se diviser en trois parties distinctes, celle où le lait se convertit en crème et qui se nomme la *salle de préparation ;* la pièce où l'on s'occupe du beurre est la chambre aux fromages. Avant de dire ce qui doit se trouver dans chacune de ces divisions, jetons un coup d'œil rapide sur les diverses sortes de laiteries que nous possédons en France.

LAITERIE SIMPLE. — Chez les cultivateurs de la vallée d'Auge, département du Calvados, la laiterie est une pièce haute de deux mètres environ, de la largeur ordinaire et d'une longueur de cinq à six mètres, communément ménagée sous un hangar, à proximité du centre de l'habitation, et construite de manière à ce que les vents froids n'y trouvent aucun accès; les parois sont en planches, revêtues intérieurement et extérieurement d'une couche de mortier; le plafond est traité de même; le jour y pénètre par une petite porte et par trois ouvertures hautes d'un mètre, closes au moyen de lattes minces, croisées les unes sur les autres de façon à intercepter la plus grande somme des rayons solaires, sans nuire au renouvellement continuel de l'air intérieur, que l'on rend plus actif en ouvrant, selon le vent qui souffle, un des volets. En hiver, on ferme hermétiquement les ouvertures avec un châssis vitré, et l'on a soin d'entretenir constamment allumés un ou deux fourneaux, afin d'entretenir une température aussi égale que possible.

CAVES — Dans les autres parties de l'ouest et du nord de la France, où l'éducation des bestiaux est la base de la maison rurale, la laiterie est confinée dans des caves profondes, voûtées, fraîches, très propres, et semblables à celles destinées à recevoir le vin. Carrelées de carreaux en terre fortement battue, ou mieux avec des briques bien cuites et placées à plat, on les lave souvent ; on n'y laisse aucune pièce de charpente, ni planches, ni vases en bois, parce qu'ils pourraient pourrir, se charger de lichens et de moisissures, et par suite répandre une mauvaise odeur. L'entrée et les soupiraux s'ouvrent du côté du nord ou bien au couchant ; quand l'entrée est dans la maison, elle donne sur une pièce où l'on ne fait jamais de feu. Durant les chaleurs, on ferme le jour les soupiraux avec des bouchons de paille ; à l'époque des gelées ils sont clos hermétiquement ; on apporte l'attention la plus scrupuleuse à ce que le thermomètre ne s'élève point au-dessus de 13° centigrades, et n'y descende jamais au-dessous de 10° de la même échelle. On ne voit point de plaque de byssus aux voûtes, ni toiles d'araignées ou étuis de chenilles aux embrâsures des soupiraux, ni la moindre ordure sur le carreau ; partout règne la plus grande propreté. L'on pousse même le scrupule jusqu'à quitter à l'entrée sa chaussure ordinaire pour mettre des sabots, afin que rien ne porte atteinte à l'odeur de lait doux qui seul doit exister en ces caves. Les femmes, durant le tems de leurs règles, ou dont les pieds sécrètent habituellement une humeur pénétrante, n'y ont point accès : elles nuiraient à la perfection du beurre. C'est principalement au pays de Bray, faisant aujourd'hui partie des départemens de l'Oise et de la Seine Inférieure, qu'il faut aller étudier le gouvernement des caves à lait. Tout y est prévu, tout y est réglé, tout s'y fait avec ordre.

MARKAIRERIES. — Dans les markaireries des Vosges, comme dans les fromageries du Jura et les châlets des Alpes, les laiteries sont voisines des pâturages et adossées à une montagne. Habitations hautes au plus de 2 mètres 1/2, construites en pierres sèches, en maçonnerie ou bien avec des madriers de sapin placés horizontalement les uns sur les autres et maintenus d'abord par de gros piquets, ensuite par de la mousse ou de l'argile, ou scellés en planches; leur toiture légère est fortement inclinée pour ne pas permettre à la neige d'y séjourner; on les abrite avec soin contre les efforts des vents impétueux qui soufflent du nord-est et du sud-ouest. La distribution du bâtiment est simple et parfaitement raisonnée. Chaque individu a sa besogne, chaque chose sa place et sa destination, l'ordre est maintenu dans chaque partie.

Sur le devant est un porche où d'ordinaire se fait la traite; vient ensuite le logement des vaches pendant la pluie, les ouragans, la neige; tout près et au-dessus du porche est l'endroit où couchent les gens de service. Après, on voit l'atelier où tous les instrumens sont rangés avec ordre, les uns à côté des autres, de manière à pouvoir être saisis facilement quand on en a besoin; au-dessus est la chambre des maîtres; dans un angle de l'atelier est la cheminée, dont le manteau élevé permet d'agir autour du foyer sans se baisser et sans nuire aucunement. Une dernière pièce, ordinairement tournée au nord, est destinée à recevoir le lait de chaque traite de la journée. Un caveau se creuse le plus souvent dans le sol pour contenir les fromages ; d'autres fois on ménage une pièce pour les y enfermer. La propreté est entretenue partout avec une attention scrupuleuse. Pendant les intervalles que laissent entre elles les diverses manipulations, on lave avec le petit-lait tous les ustensiles qui ont servi, puis on les passe dans l'eau froide qui circule dans des petits canaux en toutes les parties de la markairerie; on essuie, et chaque article reprend sa place accoutumée.

Quant à l'étable, on la tient séparée de la markairerie, non loin d'une petite source, assez fréquente sur les chaumes, dont l'eau, conduite par des tuyaux en sapin mis bout à bout, dans l'habitation, y est employée aux lavages.

Burons. — Sur les Cévennes, particulièrement aux monts Domes et aux monts Dores, la forme et l'étendue de la laiterie, que l'on y nomme *Buron*, sont calculées d'après l'élévation des cimes où elle est placée (1), la nature et la configuration du sol. C'est d'ordinaire un carré long, appuyé contre un rocher, fermé par une porte

____

(1) Il y en a qui touchent aux dernières cimes, et qui se trouvent à 1400 mètres et plus de hauteur absolue.

basse et étroite , entouré de trois côtés d'un fossé pour garantir l'intérieur de l'humidité et de l'action des eaux pluviales, ayant une ouverture étroite sur le toit, qu'on lève et abaisse à volonté par une bascule, pour donner de l'air. La distribution est soumise à l'espace qu'on occupe , au climat qui varie à chaque étage, ainsi qu'au genre d'industrie admis par le hasard ou par l'usage. Ici, ce sont de simples huttes faites avec des branchages, des mottes de terre recouvertes de gazon ; là , c'est une véritable cabane très basse et très fraîche, bâtie en pierres sèches avec toiture en chaume ou bien en ardoises grossières, ayant trois pièces, une pour le maniement du lait , l'autre servant de demeure , durant quatre à cinq mois, aux pâtres; la troisième contient les ustensiles, le sel et les fromages que l'on doit emporter en quittant le buron. Aucune fenêtre ne présente de passage aux vents du midi, qui décomposeraient en un instant tout le lait recueilli. La température s'y trouve à peu près toujours égale; pour l'élever et répondre aux besoins de la laiterie et de la cuisine, une cheminée permet d'y entretenir du feu.

Près du buron se trouve le parc où l'on réunit les vaches durant la nuit. Ce parc est fermé de haies ou de palissades mobiles, et gardé par des dogues de la grosse espèce, aguerris contre les loups. C'est là qu'on appelle les vaches que l'on veut traire ; on leur donne pendant cette opération une pincée de sel.

GROTTES. — Les grottes célèbres de Roquefort, naturellement et artificiellement pratiquées sur le revers nord-ouest du Causse de Larzac, le plus vaste et peut-être le plus élevé des plateaux calcaires du département de l'Aveyron, sont en général fort petites, étroites, divisées en plusieurs étages et assez salement tenues. Les plus hautes comptent dix et douze mètres au-dessus du sol. L'air et la lumière n'y pénètrent pas ; leur température sèche, constante, toujours très basse, varie de 6°, 25 centigrades à 7°, 80 ; elle est entretenue par de nombreuses fissures ou crevasses naturelles fournissant des courans d'air froid qui vont du sud au nord et correspondent à des cavités souterraines estimées recéler des glaces perpétuelles. Dans la ligne du courant, qui est extrêmement froid, même en été, le thermomètre descend à 5° et même à 2° 50. En hiver, le courant ascensionnel y est tellement faible, qu'on peut le dire à peu près nul, aussi la température s'y trouve en équilibre avec l'atmosphère extérieure, sans en contracter l'humidité. Ces circonstances, quoiqu'on en dise, rendront toujours infructueuses les tentatives pour obtenir des caves aussi favorables à la préparation des fromages, que le sont les grottes de Roquefort. Et puis, il faut savoir que ces grottes ne voient point fabriquer les fromages qu'elles renferment ; elles sont appelées seulement à servir, durant quatre mois et demi, d'entrepôt aux huit à neuf cent mille kilogrammes de caillé préparé qu'on y apporte des communes environnantes : là les fromages reçoivent diverses façons qui les complètent et les perfectionnent (1).

GRANGES PASTORALES. — Ce que j'ai dit des markaireries s'applique aux granges pastorales des Pyrénées, surtout à celles des vallées de Luchon et d'Aran, de Louron et d'Aure. On les voit pittoresquement disposées sur la croupe des montagnes, et autour d'elles la *baccada* paît sur de riches pâturages. Les autres granges ressemblent beaucoup aux burons.

PLAN D'UNE LAITERIE BIEN CONÇUE. — Maintenant donnons le plan d'une laiterie bien entendue (V. la figure 3), et pour le perfectionner, profitons, d'une part, de ce que nous venons de voir en parcourant le sol de la France ; de l'autre, empruntons aux étrangers ce que leurs écrits et leurs pratiques nous offrent de bon et d'économique. C'est ainsi que l'on doit agir dans l'intérêt de sa patrie. On pense bien que je ne veux pas décrire ici une de ces laiteries de parade, où l'on travaille le lait à peu près comme on fait de grands essais d'agriculture en un jardin, c'est-à-dire avec élégance et apparat, en dépensant beaucoup sans rien retirer en profits. Je ne veux que l'utile : le luxe, ainsi que je l'ai déjà dit, le luxe ne doit point avoir accès auprès de l'homme

(1) Lisez la curieuse notice publiée en 1836, par Marcel de Serres, dans les *Annales de Chimie et de Physique*, tom. LXV, p. 5 à 18.

des champs : tout ce qui appartient à la maison rurale doit être simple, commode, traité comme la nature qui l'environne, avec l'amplitude majestueuse et la sage profusion qu'elle répand sur tout ce qui sort de ses mains.

Un porche A précède la laiterie, c'est là que se fait la traite. La laiterie proprement dite B est creusée de quarante centimètres au-dessous du niveau du sol et disposée de manière à ce que l'air extérieur n'y pénètre point. Il faut que sa température soit toujours égale en été comme en hiver, qu'elle soit plutôt fraîche que chaude. Le filet d'eau a, qui descend de la source C ou du puits creusé à sa place, pénètre dans la laiterie A, s'y divise en deux rivulets, un qui la traverse du haut en bas et s'échappe au dehors, l'autre qui passe dans la chambre à beurre D. Le premier rivulet sert à inonder la laiterie pendant les grandes chaleurs, surtout quand le tems est orageux et qu'il y a menace de tonnerre : une chaleur trop intense change en un instant la consistance et l'état actuel du lait. Les croisées doivent demeurer toujours closes et la porte située au nord b, s'ouvrir et se fermer hermétiquement et doucement. Celle à l'est c doit être double et recouverte extérieurement de paille longue. Les bas côtés des murs intérieurs d, e, f, g, sont garnis de banquettes en maçonnerie pour recevoir les vases à crèmer, et en h d'étagères pour les ustensiles où ils ont chacun une place fixe. Une grande table en pierre *i* occupe le centre ; au-dessous d'elle le filet d'eau forme un petit réservoir, dont la rigole est en pierre depuis l'entrée jusqu'à la sortie. La toiture est couverte en chaume, parce qu'il garantit mieux du froid et du chaud que le bois, la tuile ou l'ardoise.

La chambre au beurre D, garnie de tablettes en *j*, *k*, *l*, pour les ustensiles et les vases en grès, présente au milieu *m*, une table en pierre légèrement inclinée pour l'écoulement du lait de beurre, etc. Dans un angle on voit une chaudière *n* placée au centre d'une cheminée d'accès facile, afin d'y avoir de l'eau constamment chaude ; près d'elle est l'emplacement d'une ou deux barattes *o*, selon le besoin. A l'angle opposé est un réservoir *p* d'eau fraîche, alimenté par une déviation du filet d'eau de la laiterie **B**, lequel réservoir se vide par une fuite *q*.

La fromagerie est divisée en deux parties, l'une est l'atelier de fabrication E, l'autre est le dépôt des fromages confectionnés F. Dans l'atelier il y a une cheminée *r*, une presse *s*, des étagères pour les ustensiles et les moules *t*, une table *u* pour y mettre les fromages dans les formes, un égouttoir *v*, et dans le dépôt deux ou trois rangs d'étagères *x*, *y*, *z*, pour recevoir les formes.

CHAPITRE VIII.

—

Pénétrons dans l'intérieur de la laiterie, et voyons quel doit être son ameublement et les divers ustensiles qu'il est utile d'y réunir : l'ordre et la propreté sont indispensables pour la régularité de ses opérations.

Des banquettes en maçonnerie garnissent, à hauteur d'appui, le bas des murs ; elles sont larges d'un mètre et recouvertes de dalles en pierres bien jointes, et au-dessus d'elles des étagères en bois sont établies à cinquante-quatre millimètres des murs, pour recevoir les ustensiles que l'on tient les uns auprès des autres. Au milieu des pièces est une table (voyez figure 4) en bois ou en pierre bien polie, large d'un mètre sur quarante centimètres de haut, et au-dessous d'elle passe le filet d'eau courante, si la situation le permet, et à défaut, les baquets toujours pleins d'eau dans lesquels il faut, après avoir lavé à l'eau bouillante, passer chacun des objets employés, au fur et à mesure qu'ils cessent de servir : c'est une condition de la plus haute importance pour le succès de l'établissement.

Les ustensiles sont en bois blanc léger, de grès,

d'argile cuite, ou de faïence ; quelques personnes les aiment mieux en étain, d'autres en zinc laminé ou en fer coulé dont la matière est parfaitement adoucie. Je ne dis rien des laiteries où on se sert de porcelaine, de vases en verre et même en cristal : ces matières ne conviennent que là où tout se fait avec prétention, où tout est sacrifié au besoin d'éblouir les sots, où tout peut se rompre sans danger ; on a les moyens de remplacer de suite, le luxe paie et n'obtient, en échange de l'or qu'il étale, que de très mesquins résultats : c'est le salaire de l'ostentation.

Les vases en zinc laminé doivent être rejetés de la laiterie comme de la cuisine, à cause de la facilité avec laquelle ce métal est attaqué par les acides les plus faibles, et pour la vertu émétique que possèdent les sels qu'il produit. Je ne partage donc point l'opinion de ceux qui veulent que le zinc, même celui tiré de l'Asie, estimé le plus pur, puisse dissoudre et décomposer les substances acides qui poussent le lait à l'aigre et au rance. Ce métal a toutes les propriétés contraires.

Ceux en fer coulé, dont l'invention remonte à l'année 1806, sont très solides et résistent à tous les chocs ; mais comme il faut les étamer, afin de prévenir le contact du lait avec le métal, quelque bien unis, soignés et garnis qu'ils soient, cette couverture s'use assez vite, le fer paraît, il se corrode sous l'action de l'acide contenu dans le lait, et, de ce moment, tout ce que les vases renferment est perdu. D'un autre côté, leur extérieur veut être verni, pour que la rouille ne puisse s'y attacher; ce second et non moins grave inconvénient oblige à les repousser.

Les vases en étain sont reconnus excellens pour écrémer le lait dans les petites laiteries; Thaër en parle avec éloge, tout en faisant observer qu'ils seraient par trop coûteux dans de grandes exploitations rurales.

Ceux en grès leur sont préférables en ce que le grès étant une terre vitrifiée, ne contracte aucune odeur, et que l'eau chaude le nettoie parfaitement.

Les vases d'argile cuite demandent à avoir un vernis, sans lequel le lait pénétrerait dans leurs pores. Je sais bien qu'il entre de l'oxide de plomb dans la préparation de ce vernis, et que cette substance est essentiellement nuisible, mais on a perfectionné ce vernis et le mode de l'appliquer, et l'on m'assure qu'en nettoyant les vases avec de la craie pulvérisée et un morceau d'étoffe de laine ou de l'étoupe, la quantité de plomb dissoute par le lait aigri laissé par négligence, est si minime qu'elle ne nuit pas positivement. Le doute m'empêche de me rendre à cette assertion. Malgré le bas prix de ces poteries, leur entretien est dispendieux à cause de leur fragilité. L'on avait essayé de les doubler en bois, afin de les rendre plus durables, mais on a dû abandonner ce moyen; les vases devenaient trop lourds et trois ou six fois plus chers que la matière première.

Les vases en faïence valent bien mieux, quoique également casuels. Les plus communs, les plus répandus de tous, sont ceux en bois de tilleul, de tremble, de peuplier ou de sapin quand le grain de leur tissu est fin et parfaitement homogène ; ils jouissent depuis long-tems et mériteront long-tems encore la préférence dans toutes les sortes de laiteries, quoique très faciles à s'imprégner et par conséquent à prendre une odeur aigre. Les meilleurs sont d'une seule pièce. Ils veulent être nettoyés avec le plus grand soin chaque fois que l'on s'en est servi, brossés, frottés tant intérieurement que extérieurement, puis exposés à l'air pour sécher ; et pour s'assurer qu'ils ne gardent, surtout ceux qui sont de plusieurs pièces, aucun principe de fermentation acide, on les lave de tems à autre avec une légère lessive de cendres. Présentent-ils quelques traces de lait bleu, on les trempe dans un baquet rempli d'eau (72 litres), dans laquelle on jette un demi-kilogramme de chlorure d'oxide de sodium à douze degrés de densité, ou du chlorure de chaux que l'on se procure dans un établissement de chimie. Le premier est préférable en ce qu'il est liquide et qu'il saponifie mieux que la chaux. On trempe dedans les articles à nettoyer, on les y laisse durant un quart d'heure ; au moyen d'une brosse de chiendent on frotte chaque partie creuse, les rainures surtout, puis on passe dans une eau ordinaire.

Il faut éviter l'emploi des vases et ustensiles en cuivre ou en plomb, l'acide du lait et le corps gras fermentescible que contient cette liqueur entrent bientôt en contact avec eux ; ils en dissolvent des sels dont la combinaison avec le lait le convertit en véritable poison. Jamais je ne regarderai l'adoption de ces vases comme une chose même proposable : malgré la plus rigoureuse propreté, malgré l'attention de tous les momens, ils exposent à de si grands dangers, qu'il vaut mieux redouter de leur donner accès dans la laiterie : il vaut mieux subir des dépenses onéreuses, que d'avoir à se reprocher un crime, en cédant aux insinuations de certains écrivains imprudens, pour ne pas dire plus.

SALLE DE PRÉPARATION. — Les ustensiles particuliers à la pièce destinée à recevoir le lait au sortir du pis, et qui se nomme *salle de préparation*, sont les seaux propres à la traite, avec la sellette sur laquelle s'assied la personne chargée de la faire ; de grandes terrines, des tamis ou des couloires, des cuillers ou plutôt des spatules, et des tinettes ou tavellanes, que l'on appelle aussi tines et tinottes, enfin un couteau d'ivoire.

Les seaux ont une forme particulière (voyez la fig. 5); ils sont d'une dimension suffisante pour huit à dix litres de lait, plats sur le dos, arrondis ou ventrus sur le devant ; les douves, taillées dans du chêne et le plus habituellement dans le sapin ou tout autre bois blanc, sont réunies et contenues par des cercles en bois, et mieux encore par des cercles en fer.

Dans les figures, je représente deux sortes de sellettes, fig. 6, A, B.

Le nombre des terrines en faïence ou de terre cuite, de grès, tenues parfaitement polies, propres et fraîches, se calcule d'après celui des vaches ; elles veulent être étroites dans le fond, très larges à la partie supérieure et d'une capacité suffisante pour huit litres de lait au moins. L'expérience a réglé ces proportions : il faut quarante centimètres de large par le haut, seize dans le bas, et autant en profondeur, mesures prises du dehors en dedans. Les terrines qui sont trop profondes et étroites à la surface doivent être rejetées comme défectueuses, elles s'opposent à l'élévation de la crème (1). On pose ces vases sur les banquettes ou bien à terre si celles-ci manquent, jamais sur les étagères, de crainte que quelques gouttes de lait répandues par inadvertance ou maladresse ne séjournent dessus, ne les pourrissent à la longue et, en leur imprimant une odeur désagréable, ne les rendent un foyer de corruption.

Les passoires servent à verser sur les terrines, le lait apporté dans le seau, afin de retenir les poils, le son qui se détachent de la vache pendant la traite, et autres corps étrangers qui peuvent tomber par accident. Tantôt ce sont des tamis simples en crin, ou, ce que je pré-

______

(1) En Angleterre, on ne leur donne le plus souvent que vingt-sept millimètres de profondeur. Ce peu d'espace nuit également à l'émission de la crème.

fère, des cônes en étamine (figure 7) ou de bois (voyez figure 8), troués à leur extrémité inférieure et garnis en cette partie d'un treillage extrêmement fin, en fil métallique ou en gaze très serrée et faite exprès. Le cône en bois se place sur un cadre B, fig. 8, tandis que celui en étamine se suspend au moyen de deux bâtons passés entre deux angles. Dans plusieurs départemens, entre autres ceux des Ardennes, de l'Aisne, de l'Oise, etc., on emploie une petite écuelle ronde, en bois, dite *couloire*, percée au milieu et couverte, au fond, d'un linge à travers lequel le lait passe.

On a un couteau d'ivoire pour séparer la crème des parois du vase, et des cuillers en bois, ou plutôt des spatules pour lever la crème, la mettre dans les tinettes, la remuer de tems à autre afin de l'empêcher de s'aigrir. En diverses localités l'on aime mieux des écrémettes en ivoire, en ferblanc, et ce qui est de beaucoup préférable, quand on peut se la procurer, la valve droite de l'anodonte dilatée ou moule des étangs (1). Les tinettes destinées à contenir la crème de plusieurs jours ont besoin d'être fermées par un couvercle fermant bien juste, et munies dans le bas, près du fond,

(1) *Anodonta cygnea.* Coquille mince, que sa forme, sa grandeur, sa légèreté et son bas prix rendent très propre à ce service. Lamarck dit que sa taille atteint 177 millimètres; il y en a de plus grandes; j'en possède qui ont 210 millimètres, provenant des marais de la Somme.

d'un trou fermé par un robinet en bois (et non pas avec un bouchon de liége, sujet à s'aigrir et à se moisir) ; pour donner issue aux parties claires et aqueuses, et afin d'empêcher la crème de s'échapper par cette ouverture, on la garnit en dedans d'une gaze (1) qui la retient (fig. 10). Dans ce vase la crème acquiert le degré d'acidité nécessaire pour que les parties butireuses se séparent aisément des parties caséeuses et séreuses, par un battage modéré après le troisième ou le septième jour, terme extrême.

CHAMBRE AU BEURRE. — Le principal meuble de la chambre au beurre est, selon l'usage du pays, la machine propre à battre cette substance nouvelle. On nomme cette machine batte à beurre, serenne et baratte. On y trouve aussi tous les vases de grès nécessaires pour délaiter parfaitement le beurre, le fouler, recevoir la forme et la dernière préparation qui le met en état d'être vendu frais, ainsi que les tavellanes en bois dans lesquelles on le sale et on le renferme quand il est fondu.

On se servait, chez les anciens, d'outres ou peaux de bouc, auxquelles, après y avoir mis le lait, on imprimait un mouvement uniforme pour opérer la prompte séparation des parties butireuses qui, chez eux, passaient plutôt dans la pharmacie que dans la cuisine. Quelques na-

(1) Une toile métallique en fil d'argent vaut mieux ; elle coûte plus cher, il est vrai, mais à la longue elle sera plus économique.

tions modernes n'avaient point d'autre machine au commencement du dix-neuvième siècle courant. En Arabie l'on suspend encore l'outre au milieu d'une tente, et on la frappe en cadence tout le tems convenable pour avoir le beurre. Depuis des siècles, nous avons, en France, substitué aux outres les instrumens suivans.

La batte à beurre, (voyez la figure 11, A) est un vaisseau de bois, assez semblable à une colonne creuse, haut de trente-deux à quarante centimètres, dont les douves, plus étroites dans la partie supérieure qu'en la partie inférieure, (16 et 21 centimètres), sont liées ensemble par trois cercles en fer plats et larges, ou, ce qui est moins convenable, par trois doubles rangs de cerceaux à demi-ronds placés en haut, au centre et en bas. Le couvercle qui le ferme exactement C, est mobile; le milieu est percé d'un trou rond pour le jeu du bâton de deux mètres environ B, qui le traverse et porte à son extrémité inférieure une rondelle en bois, fixe, d'une dimension propre à glisser sans gêne, percée de plusieurs trous, et qu'on appelle *bat-beurre* (fig. 11, B) : c'est le mouvement aussi égal, aussi prolongé que possible, de cette plaque sur la masse du lait non écrémé, dans les laiteries de la Prévalaye, département d'Ille-et-Vilaine, ou seulement sur celle de la crème, comme cela se pratique aux laiteries des autres contrées, qu'elle soulève en montant et en descendant, qui dépouille la crème du petit-lait et amène ses parties grasses à l'état de beurre. La batte à beurre a le précieux avantage de permettre l'entrée de l'air, et de le voir se renouveler continuellement par l'action même du battage, d'opérer la séparation prompte et régulière du beurre, sous l'influence de l'oxigène, et d'évacuer le petit lait qui surabonde, par un trou ménagé vers l'extrémité, que l'on tient fermé au moyen d'un bouchon. Je viens de dire l'usage où l'on est de verser dans la batte à beurre, ici le lait non écrémé, là le lait qui a subi cette opération ; à ce sujet on a imprimé que l'emploi du premier fournissait une quantité plus considérable de beurre, ce qui est un fait positif; mais on ajoute qu'il est toujours d'une qualité très inférieure, ce qui est plus que contestable, comme nous le prouverons plus bas quand nous classerons les différens beurres français.

Quelque soigné, régulier et bien soutenu que soit le travail de la batte à beurre, le tirage direct à la main était trop fatigant pour ne pas chercher à le remplacer; on voulut en même tems faire plus en économisant le tems et en perdant moins de forces; on imagina donc deux sortes de serennes, l'une que l'on trouve en usage sur les montagnes des Vosges et du Jura, l'autre que l'on rencontre dans les plaines et surtout chez les Suisses.

La serenne des Vosges, du Jura et des Alpes nous représente à peu près une grande meule à aiguiser (fig. 12, A), en bois, ayant de 65 à 81 centimètres de haut, sur 27 à 32 de diamètre d'un fond à l'autre, et dont l'intérieur est garni d'un moulinet B à huit ailes, coupées chacune en quatre parties égales, s'approchant des douves de vingt-sept millimètres. Son axe appuie, d'une part, contre la douve du milieu et celle du fond de droite, et se trouve fixé dans un gousset pratiqué à cet effet, afin qu'il ne se dérange point durant le mouvement de rotation ; de l'autre part, sur le fond de gauche, est la manivelle qui doit imprimer ce mouvement. Le support de cette serenne C est une sorte d'échelle assez semblable à celle qui porte la meule du remouleur : ce sont des femmes qui la font tourner.

Quant à la serenne vulgaire, c'est un baril cylindrique d'un mètre de long sur 130 centimètres de diamètre, par conséquent plus long et moins large que le baril ordinaire, B, placé horizontalement et à hauteur convenable sur une monture ou chevalet A, traversé dans toute sa longueur interne par un axe auquel est adapté un moulinet C, armé de quatre petites planches, que l'on met en mouvement au moyen d'un manche extérieur. Un trou carré se voit ménagé sur le dos du baril, assez large pour y laisser passer le bras, et hermétiquement fermé par un morceau de bois : c'est par cette ouverture que l'on verse la crème qui doit remplir le vase à moitié, et que l'on retire le beurre (fig. 13).

Nul doute que ces deux machines manœuvrent avec beaucoup plus de rapidité et moins de fatigue que la batte à beurre ; elles transforment la crème avec une incroyable vitesse; en moins d'une demi-heure ou tout au plus en une heure de tems on en obtient depuis dix jusqu'à cinquante kilogrammes de beurre aux équinoxes, si le service est confié à deux, à quatre et même à six femmes, selon la quantité de lait, lesquelles se relaient et sont censées ne point cesser ou ralentir le mouvement, ce qui est réellement impossible. Cependant on pourrait leur apporter quelques modifications importantes. Par exemple : en ajoutant un volant tournant sur lui-même, le mouvement se ferait plus simplement, et, en même tems qu'il réglerait la marche uniforme de la serenne et celle du battage, il diminuerait de beaucoup les frais et les pertes. Mais un vice inhérent est l'absence de l'air : il ne suffit pas de diviser la crème, il faut exposer ses molécules à l'action d'un air sans cesse renouvelé, afin qu'il s'y fixe et leur donne l'oxigène nécessaire pour qu'ils deviennent beurre, et beurre parfait.

Sous ce dernier point de vue, je place bien au-dessus des serennes la batte à beurre; elle, à mes yeux, serait portée à la perfection si l'on parvenait à substituer à l'action des deux mains celle d'un mécanisme simple et peu coûteux. Des tentatives ont été faites pour y parvenir. Déjà certaines laiteries emploient un balancier ou une perche élastique, dont le point d'appui, placé convenablement, favorise le tirage et le refoulement; en d'autres, c'est un mouvement de va et vient imprimé par un pendule ou par une roue à tambour, dans laquelle on fait marcher un chien; ailleurs, la pulsion et la répulsion du bat-beurre s'opère par un cheval ou un bœuf. De la sorte, les battemens se succèdent en mesure ; on n'a plus à craindre ces alternatives de vitesse et de lenteur inséparables du travail manuel, qui, en hiver, empêchent les molécules du beurre de s'agglomérer parfaitement, et qui, durant l'été, déterminent une fermentation d'autant plus fâcheuse qu'elle imprime à ce produit un goût désagréable.

Dans les grandes laiteries on trouve généralement une baratte mieux conçue ; les uns la nomment baratte normande, les autres, baratte des Flamands. C'est une barrique de la contenance de 80 à 200 litres de lait, grosse et courte, cerclée en bois, et montée sur un bâtis formé de deux tréteaux réunis par des traverses et une planche. Quatre planchettes de dix à treize centimètres de largeur, sont fixées par leurs bouts dans les fonds du tonneau sans les traverser, ayant leur plan dans la direction des rayons du tonneau ; entre elles et les douves il y a un espace de 45 millimètres. Sur le contour de la baratte est un trou carré, que l'on ferme au moyen d'un bouchon en bois de même forme, et qui sert à l'introduction de la crème, et pour retirer le beurre quand il est fait. Au point opposé de cette ouverture on voit une bonde que l'on enlève pour faire couler le petit-lait et introduire de l'air durant l'opération. La machine se meut sur elle-même au moyen de deux manivelles établies sur des tourillons fixés au centre de ses fonds ; trente à trente-cinq tours par minute, donnés avec une vitesse modérée, suffisent pour que le beurre se trouve fait au bout de dix-huit ou vingt minutes, (voyez figure 14). Cette baratte est celle en usage dans le Cotentin, département de la Manche; j'en ai retrouvé les élémens dans ceux de Maine-et-Loire et de la Sarthe; mais ici le tonneau est fixe et la crème est agitée, ainsi que nous l'avons vu dans la serenne suisse, par deux ou quatre ailes en bois, percées de trous, et mises en action par l'axe sur lequel elles sont établies.

Quelques propriétaires commencent à faire usage d'une baratte à balançoire que l'on dit venir du pays de Lancastre en Angleterre, et ainsi nommée à cause de son mouvement oscillatoire. Voici comme on la décrit: figurez-vous une caisse à trois côtés dont un est circulaire; ses extrémités sont fermées par des fonds parallèles, et sur l'angle droit qui se remarque entre les deux faces planes, existe le centre d'oscillation de l'agitateur, lequel se meut dans les limites d'un quart de cercle. C'est par l'extrémité supérieure des côtés prolongés de l'agitateur qu'on lui donne le mouvement de va et vient, soit directement à l'aide de la main, soit avec un volant tournant sur lui-même.

Sans aucun doute, ces divers instrumens satisfont les besoins ou les habitudes de ceux qui les possèdent, mais la variété de leur forme ronde, haute ou carrée, mobile ou immobile, de leur mouvement horizontal ou circulaire, n'influe réellement pas sur la qualité du produit, celle-ci dépend entièrement, comme je l'ai déjà dit, de la quantité plus encore que de l'espèce de nourriture et de la tenue des vaches, de l'excellence du lait qu'elles donnent. Les uns et les autres demandent qu'on échauffe un peu, durant l'hiver, leur intérieur par un bain d'eau chaude qu'on y laisse quelques instans; tandis que, en en été, il faut les rafraîchir et les aérer fortement. Comme le bois est un mauvais conducteur du calorique, on est de plus obligé, pendant la mauvaise saison, de tenir la baratte près du feu; si le bois, d'un côté, s'échauffe trop, il donne un mauvais goût au beurre, tandis que de l'autre il demeure presque toujours froid.

On s'est assuré, surtout dans les Pyrénées, que lorsque ces instrumens sont fabriqués avec du sapin, le beurre y prend promptement le goût de rance, et que la grande porosité de ce bois met obstacle au parfait nettoyage, même par les personnes les plus soigneuses. On a, pour éviter ce double inconvénient, proposé d'avoir des barattes en faïence ou bien en étain. La faïence est beaucoup trop fragile et deviendrait à la longue très coûteuse; l'étain conviendrait infiniment mieux, parce qu'il soutient très bien l'approche du feu, qui hâte singulièrement l'opération, qu'il dure fort long-tems, et permet de transmettre ce meuble de père en fils; mais d'abord il est fort cher, et puis l'on n'a jamais la certitude que le métal est parfaitement pur: l'étain commun, en contact avec la matière grasse, développe bientôt l'oxide de plomb, et devient infiniment dangereux.

Ce n'est pas avec de l'eau bouillante simple que ces articles peuvent et doivent être lavés, il faut l'aiguiser d'un peu d'alcali, d'une légère lessive de cendres ou bien avec de l'ortie grièché mise à macérer jusqu'à ce qu'elle cesse d'être piquante. Il faut les bien essuyer après avec un linge que l'on promène avec soin partout : une simple molécule de lait ancien peut, en se décomposant, nuire au travail de plusieurs journées.

Après un mûr examen des divers instrumens que nous venons de passer en revue, je crois qu'il n'en est aucun qui puisse soutenir le parallèle avec la baratte exécutée en 1815, par mon ami M. L. P. de Valcourt, de Toul, propriétaire-cultivateur et très habile mécanicien. Elle satisfait à toutes les exigences, et son adoption dans plusieurs grands établissemens, à Roville et à Grignon entre autres, justifie pleinement de ses propriétés. La baratte-Valcourt (voyez figure 15) est établie sur un baquet rond A en bois, garni de deux cercles en cuivre, que l'on remplit, dans la froide saison et selon le degré de l'atmosphère, d'eau plus ou moins chaude, de manière à communiquer à la crème une température d'environ 15° centigrades ; au tems des chaleurs, on y met de l'eau assez froide pour amener le thermomètre qui l'interroge aux mêmes degrés centigrades. Le corps de la baratte B est en ferblanc, en zinc ou bien en tôle étamée ; il reçoit

le mouvement rotatif par une mauivelle à laquelle on
fait faire régulièrement deux tours par seconde. Une
ouverture C, dans toute la longueur de la baratte, et que
l'on ferme au moyen d'un couvercle pyramidal D et E,
sert d'abord à entrer les ailes de l'agitateur F, qui se placent verticalement sur un arbre en hêtre, carré, occupant le centre de la baratte, auquel il est fixé par un
petit tourillon ; ensuite à recevoir la crème, dont le volume ne doit guère dépasser le centre de la baratte,
c'est-à-dire l'axe qui la traverse G et porte la manivelle.
Les personnes qui remplissent davantage dépensent plus
de forces sans économie de tems. En dix ou quinze minutes, en hiver, quelquefois en quatre et cinq, en été,
le beurre est fait. Les deux montans du couvercle D sont
percés d'un trou de cinq à sept millimètres de diamètre,
afin de laisser échapper l'air de la baratte que la chaleur
de l'eau du baquet et l'action de l'agitateur ont raréfié.
Le corps de la baratte doit avoir de quarante à quarante-
huit centimètres de diamètre, ou tout au plus soixante-
cinq ; celles d'un mètre sont trop fortes. Il vaut mieux
faire deux et même trois battues successives que d'avoir
une baratte trop grande. Quand le beurre est bien pris,
on sort la baratte du baquet, on ôte le bouchon qui
ferme le trou ménagé en H, on laisse couler le lait de
beurre, en ayant soin de placer à l'entrée un petit grillage pour empêcher le beurre de passer, puis on replace
le bouchon, et l'on verse dessus le beurre de l'eau fraîche

par l'ouverture C; on donne quelques tours à la manivelle, ensuite, on lâche l'eau, que l'on remplace, à quatre et cinq reprises, en agitant chaque fois la manivelle, jusqu'à ce que le liquide sorte parfaitement clair. Le beurre se trouve de la sorte bien lavé, il n'a nul besoin d'être pétri entre les mains, ce qui, durant l'été, le rend mou. L'on sort l'arbre, l'agitateur, puis le beurre, en renversant la baratte que l'on lave à l'eau chaude avec grand soin, ainsi que l'agitateur, le couvercle, l'arbre et le boudon; on essuie et on remet le tout en place.

Au milieu de la chambre à beurre est une table en pierre légèrement inclinée, sur laquelle on travaille le beurre pour faire sortir tout le lait qu'il contient; et, sur les tablettes, on voit la saloire et les vases en grès destinés à recevoir le beurre salé, dans lesquels on le presse de manière à ne laisser aucun vide. Dans les pays où l'on emploie de préférence des tonneaux en bois de chêne, il importe, quand ils sont neufs, de leur faire perdre l'acide propre au bois neuf, en les remplissant souvent d'eau bouillante qu'on y laisse refroidir; puis on les frotte intérieurement avec du sel marin, et lorsqu'ils sont parfaitement nets et sans odeur, on coule un peu de beurre fondu tout autour du fond, dans le jable ou rainure faite aux douves pour recevoir ce fond, de manière à ce qu'il offre un plan bien uni.

FROMAGERIE. — Les instrumens et les ustensiles nécessaires à la fabrication des fromages sont assez nombreux.

Outre les terrines que nous avons vu dans la laiterie , et la saloire, également employées ici, l'on a la chaudière, des moussoirs , des baquets à fromage , des couteaux de bois, des éclisses, des formes, une presse et des ronds. Il faut aussi des morceaux de toile pour envelopper les fromages que l'on doit préparer le lendemain.

La chaudière sert à faire cailler le lait et à cuire le caillé (voyez fig. 16 , A) ; elle est suspendue dans la cheminée au-dessus du feu , sur le bras d'une poutrelle à pivot que l'on avance ou recule à volonté , (fig. 16 , B) ; en sortant de la chaudière on le verse dans un baquet, ordinairement ovale , d'autres fois rond , pour y être brassé fortement , afin d'en rapprocher les molécules, les aérer et les amener à l'état de pâte grumeleuse , tenace et pourtant élastique. Les dimensions des baquets varient suivant la quantité de lait que l'on veut employer, (voyez la fig. 18).

Durant le tems que le lait est dans la chaudière, les moussoirs servent à l'agiter : plus le mouvement est continuel, vif, pressé, plus facile et plus prompt est le brassage du caillé. Il y a des moussoirs de plusieurs sortes , (fig. 10 et fig. 19).

Les couteaux de bois , employés pour couper et enlever la pâte du caillé, ont leurs deux bords aussi minces que possible et la partie supérieure tout-à-fait arrondie. On met avec le caillé dans des éclisses en bois de hêtre (fig. 19), dont le fond est occupé par un petit treillis en jonc ou en brins d'osier de sept à neuf millimètres de diamètre, par un canevas ou simplement par un linge, pour livrer passage au petit-lait. Ces ustensiles que l'on nomme tantôt clayons et cosserans, tantôt chazerets et chazerottes ou chazières et charières, sont munis de deux anses, et se posent sur la table placée au milieu de la pièce, et dont l'inclinaison facilite aussi l'entier écoulement du petit-lait.

Une fois bien égouttés, les fromages se compriment dans des formes ou lanières de sapin ou de hêtre (fig. 20), très flexibles et de différentes grandeurs, que l'on étend ou rétrécit à volonté. La pâte travaillée que l'on y enserre en dépasse les bords de deux travers de doigt; on la couvre de linge ou pour mieux dire on l'emmaillotte, et le lendemain on rapproche les deux extrémités des lanières, on comprime de nouveau et l'on porte sous la presse (fig. 21).

Celle-ci est disposée de manière à ce qu'elle pose également sur les formes, et dépouille entièrement la pâte de toute la partie liquide qu'elle peut encore contenir. Comme de son action régulière dépend la bonté du fromage, on ne saurait trop donner d'attention à sa construction, à lui imposer un niveau parfait, afin qu'elle tombe d'aplomb sur les formes, ne pèse pas plus d'un côté que de l'autre, qu'elle ne vacille aucunement, et que le jeu de la vis de pression marche avec régularité. La vis est de beaucoup préférable au levier. Cependant,

en quelques localités, on place une caisse entre deux montans maintenus dans le haut par une traverse et dans le bas
par un petit bâtis en planches ; en la partie supérieure,
un peu au-dessous de la traverse, est un treuil que l'on
arrête par une forte cheville, et qui supporte cette caisse
en bois , coulant, au moyen d'une rainure , le long des
deux montans ; dans cette caisse on met du gravier et
des blocs de pierre , et on la laisse glisser de tout son
poids sur les fromages , enfermés dans leurs formes ,
qui sont placés sur la banquette portée par le bâtis. La
banquette est creusée tout autour de manière à donner
écoulement au petit-lait, qui tombe dans un vase préparé à cet effet pour le recevoir. Ailleurs, la presse est
plus simple encore. Quand les formes sont rangées sur
une semblable banquette, on les met sur la table que nous
avons vue au milieu de la fromagerie ; on a une planche
portée sur trois montans que l'on fixe à la banquette et
sur lesquelles elle glisse, et par dessus on pose des pierres
assez lourdes pour délaiter complètement le fromage.

L'action de la presse terminée , on place sur chaque
forme un rond ou plateau en bois qui ne peut se déje-
ter, épais de 27 à 67 millimètres , l'on renverse le fromage et on le porte, entouré de sa forme, sur les tablettes du dépôt.

CHAPITRE IX.

—

DES LAITERIES EN COMMUN, OU ASSOCIATIONS IMPROPRE-
MENT DITES FRUITIÈRES.

Les ateliers dans lesquels on réunit deux fois par jour le lait de chaque traite obtenu dans une commune, ou chez les cultivateurs associés de tout un canton, sont appelés *Fruitières* dans le pays de Vaud en Suisse, où ils ont été créés au commencement du dix-neuvième siècle, en l'an 1801. Ils sont de deux sortes, les laiteries d'association et les fruitières de fermage ou de propriété. Les bases sont les mêmes ainsi que les résultats. Les unes et les autres, en rassemblant sur un seul point le produit des vaches disséminées chez divers habitans, en en confiant la manipulation à une seule personne responsable dans l'intérêt de tous, d'une part, ont augmenté les profits, influé très avantageusement sur la qualité du lait, et perfectionné les procédés adoptés dans les petites laiteries pour la fabrication du beurre et des fromages. De l'autre part, on les voit accroître le nombre des bestiaux, habituer à donner à leur entretien plus de soins, et par suite rendre les plus grands services à l'économie rurale et domestique. Moyen puissant d'avancer la civilisation des campagnes les plus isolées des

villes et des grandes voies de communication ; moyen
certain de former entre les individus, pauvres ou riches, qui les peuplent, des liens d'amitié, des relations
d'intérêts fondés sur la bonne foi, la réciprocité, sur
une certitude absolue de conduite, ces établissemens
que je nommerai désormais *Laiteries en commun,* et non
pas, comme on l'a proposé, *Laiteries bannales,* ce mot
rappelant des institutions de la féodalité heureusement
anéanties ; ces établissemens, dis-je, les acheminent,
ainsi que l'écrivait, onze ans après leur fondation, Charles
Lullin, de Genève (1), qui le premier les fit connaître,
» à un commerce de services et de prêts réciproques ;
» ils les rendent spectateurs journaliers d'une manipu-
» lation dont la propreté est la base essentielle ; ils
» leur en font sentir l'utilité et peuvent leur en inspi-
» rer le goût ; ils établissent entre eux une grande
» émulation à faire croître les produits de leurs vaches.
» Cette augmentation suppose un redoublement de
» soins dans la tenue du bétail, et de travail pour
» fournir à sa nourriture ; elle est accompagnée d'une
» augmentation d'engrais, qui tourne au profit de la
» culture des grains et des prairies artificielles. »

Ces considérations, jointes à la certitude que les laiteries en commun donnent du très bon beurre et sur-

(1) Dans son ouvrage intitulé : *Des Associations rurales sur la
fabrication du lait, connus en Suisse sous le nom de fruitières.*
Genève, 1811, brochure in-octavo.

tout des fromages d'une excellente qualité, d'une consistance solide qui les rend susceptibles d'être transportés au loin sans éprouver la plus légère altération, qui les fait rechercher sur tous les marchés de l'Europe et plus particulièrement dans les ports de mer où ils sont, pour les vaisseaux de guerre et de marine marchande, à la fois denrée d'approvisionnement et marchandise de cargaison; tous ces faits réunis ont frappé les esprits, même les plus rebelles à la conviction, aussi ne tarda-t-on pas à voir ces utiles établissemens grandir et surmonter les obstacles que leur opposaient la routine et les préjugés. On vit en même tems baisser le prix du beurre et celui des fromages, de superbes vaches remplacer celles si chétives que l'on possédait auparavant, les autres animaux domestiques non seulement améliorer leurs races, mais encore se répandre et se multiplier, enfin les consommateurs en tout mieux servis et à meilleur marché. De pareils changemens, des changemens aussi miraculeux prouvent mieux que je ne pourrais le faire, les nombreux et incontestables avantages de ces précieuses fondations.

Dès lors, les laiteries en commun ne se sont pas seulement multipliées dans les vallées inférieures du canton de Vaud, elles ont gagné les rives pittoresques du lac Léman et les autres régions de la Suisse, et de là on les a vu saillir les parties montueuses du Jura, envahir le pays de Gex, se fixer surtout au village de Lompnès,

département de l'Ain , où l'on a renoncé à la fabrication du beurre, à cause de l'éloignement des lieux de
consommation. Les laiteries en commun se sont étendues dans le département du Doubs, où l'on en compte
aujourd'hui 537 qui fournissent , année commune ,
3,453,736 kilo. de fromages. Partout, en le court espace
de deux à trois ans, elles ont, comme par enchantement,
changé l'aspect général de nos montagnes de l'Est, bo-
nifié leur condition matérielle, et par des moyens simples, faciles, efficaces, sollicité des récoltes nouvelles
en place des tristes jachères , porté l'aisance et l'ordre
au sein des familles où naguère encore la pauvreté et
l'insouciance régnaient dans tout ce qu'elles ont de déchirant et de hideux.

La dépense exigée pour ces établissemens ne peut
point se calculer , mais lorsqu'une sage économie en
dirige l'entreprise et l'administration, elle est fort mo-
dique. La bâtisse dépend des ressources de la localité ,
de l'importance de la fondation , du nombre et des facultés pécuniaires actuelles des associés ; quant à l'a-
chat du mobilier, il excède rarement la somme de 500
francs.

Dans le principe , on ne voyait point les membres de
ces associations se lier par des notes écrites ou par des
actions; ils ne s'imposaient point de réglemens fixes.
Ils remettaient la gestion de leurs intérêts communs à
l'un d'eux ou bien à une personne à gages, surveillée par

une commission élue parmi eux , comme cela se pratique encore en Suisse et chez nos montagnards où la bonne foi n'a point permis à l'esprit spéculatif des industriels de nos grandes cités de venir s'asseoir à sa place. La police y est si sûre et si simple que la fraude ne peut y pénétrer , que des discussions pénibles ne viennent jamais y troubler l'harmonie établie. Tout marche avec régularité , les produits se partagent entre les associés proportionnellement aux quantités de lait que chacun a fournies. Le résidu de la fabrication générale sert à la nourriture et à l'engrais des pourceaux que l'on entretient dans les laiteries en commun, à raison de 12 porcs pour 100 vaches.

En se multipliant , en voyant croître le nombre de leurs associés , ces établissemens ont dû se créer un code écrit , accepté par tous en général et par chacun en particulier , afin de mettre toutes les parties à l'abri des tracasseries suscitées par l'inquiétude des uns , par les mauvaises passions des autres. La sûreté et la durée de l'entreprise l'exigeaient d'ailleurs. Voici à peu près les bases qui y sont le plus généralement adoptées.

Les membres de l'association apportent régulièrement , chaque soir et chaque matin , dans des vases soigneusement lavés , le lait provenant de la traite de leurs vaches ; ils peuvent garder la quantité nécessaire à la consommation journalière de leur ménage , mais ils ne doivent point, sous aucun prétexte, l'écrèmer pour le convertir en beurre ou en fromage, sans se rendre coupables envers la société, et par suite encourir l'exclusion temporaire ou définitive. Dans l'intérêt de tous, l'association a le droit de surveiller tous les mouvemens et les mutations qui se font aux étables de chacun des membres, afin de s'assurer de la provenance de la vache nouvellement introduite, et du genre de mort, fût-ce même par accident, de celle qu'elle remplace; ensuite, afin d'exclure le lait des bêtes malades, ou prêtes à vêler, ainsi que celui de la vache qui a fraîchement mis bas et n'a pas dépassé le dixième jour après. A cet effet, les délégués de l'association ont le droit d'entrer à toute heure dans les étables, d'assister à la traite, d'exercer partout la surveillance la plus minutieuse. La négligence et la fraude, l'apport d'un lait provenant d'autres vaches que celles connues aux membres, et le mélange d'eau, de lait de chèvres ou de brebis avec celui de vaches, sont dénoncés hautement et punis par des amendes, par la confiscation au profit de tous de la part du délinquant aux bénéfices des ventes ou partages, par la privation de ce qui lui revient sur le mobilier, ou même par l'exclusion prononcée en famille et portée sur le registre des délibérations. Il y a dans l'établissement un galacto-mètre pour éprouver le lait apporté. Les comptes en matières et en deniers sont établis par individu et balancés au bout de l'an par un compte général apuré en assemblée. Toutes les ventes se font en commun, ce qui

vaut mieux que les distributions partielles des produits
en nature ; libre à chacun d'en faire l'acquisition à ses
risques et bénéfices, pourvu qu'il solde le prix au taux
fixé. Les enfans ou héritiers directs de l'associé sont appelés à le remplacer, mais, sur leur refus, ils n'ont point
droit de rien exiger de la part du défunt au mobilier,
etc., etc.

La commission nommée pour veiller au bien-être de
l'établissement est l'arbitre sans appel dans toutes les discussions soulevées entre les membres ; elle a la police
suprême, et nul ne peut référer de ses sentences aux
tribunaux, ni se refuser à s'y soumettre. Le président
autorise toutes les dépenses, hors celles qui excèdent
la somme de 3o francs, lesquelles doivent être consen-
ties par la commission entière.

Quel que soit le mode de gérance de la laiterie en
commun, on ne peut se dissimuler que tout s'y fait avec
une grande économie. Les masses de lait sur lesquelles on
opère chaque jour diminuent singulièrement les chances d'avaries, perfectionnent les produits en même
tems qu'elles les augmentent. On a de plus le double
avantage d'extraire le *serai*, ce qui n'est point pratica-
ble dans les laiteries ordinaires, et de pouvoir tirer
parti du résidu que l'on nomme la *cuite*, dont je parlerai plus bas. On peut encore, ainsi que cela se pratique aux environs d'Ornans et de Pontarlier, département du Doubs, annexer à l'établissement des bains

de petit-lait , dont l'usage est préférable aux eaux ther-
males contre les affections inflammatoires , contre les
maladies de la poitrine et de la matrice, ou bien faire
servir ce produit au blanchiment des toiles, à la fabrication du petit vinaigre, à des préparations pharmaceu-
tiques , etc.

Un reproche que je dois faire aux laiteries en commun, et c'est peut-être le seul, est d'exclure les femmes
de leur intérieur; on ne leur confie aucune manipulation, pas même celle de traire les vaches ; tout le
travail est aux mains des hommes. Bien que ce que les
Suisses appellent le *fruitier,* et nos montagnards le *fro-*
mager soit un homme habile, expérimenté : c'est le chef
des opérations, c'est le pivot essentiel de l'économie rurale, c'est de ses soins que dépendent la réussite et la
qualité des produits; mais pourquoi ne pas employer
des femmes, dont le salaire est moins coûteux, dont les
attentions sont plus minutieuses, plus de détail, quand
on sait que ces occupations leur appartiennent dans les
laiteries ordinaires ? Si vous leur reprochez quelque ir-
régularité dans le travail et pas assez de précision, pourquoi ne les y habituez-vous point dès leur jeune âge ?
C'est l'absence de toute instruction qui les rend esclaves
de la routine et des préjugés ; sachez les façonner aux
bonnes méthodes et elles vaudront mieux que les hommes. *La science du mesnage ,* a dit Montaigne , *c'est*
leur maîtresse qualité, et qu'on doibt chercher avant

toute aultre , comme le seul douaire qui sert à ruyner ou sauver nos maisons. Plus loin il ajoute cet autre adage : *Il est ridicule et injuste que l'oisiveté de nos femmes soit entretenue de nostre sueur et travail... quand on a mis l'ordre en train , elles ne font rien qui desmente sa forme.*

CHAPITRE X.

—

SERVICES DE LA LAITERIE SOUS LE RAPPORT DE LA CRÈME.

Comme le premier lait sortant du pis de la vache à chaque traite est fort inférieur à celui qui le suit , il convient de garder les deux ou trois premiers litres pour les consommer en nature ou pour les fromages. Le second, plus riche, plus parfait, se conserve pour en avoir la crème. Cette crème est épaisse , beurrée, d'une belle couleur , en un mot , de haute qualité si le lait se trouve apporté à la laiterie avec la plus grande précaution , et aussitôt la traite terminée. C'est parce que l'agitation nuit à la levée régulière de la crème que je demande l'établissement d'un hangar à la porte même de la laiterie (voyez la fig. 3 , A), afin d'y faire, l'été comme l'hiver, la traite, et faciliter l'apport du lait. D'un autre côté, la marche de la vache facilite l'extraction et donne à la liqueur de la qualité. Ne lui laissez pas le tems de se refroidir, passez-la promptement et versez-la de suite dans les terrines que vous mettrez doucement sur les banquettes. Une fois en place, ne remuez point ces vases.

La crème qui monte le plus vite est toujours la meilleure. Le lait du matin en fournit d'ordinaire, à température égale, une plus grande quantité que celui du soir; celui de la traite faite au milieu du jour en contient seize fois moins. La température la plus favorable à sa formation est entre douze et treize degrés centigrades; à dix-sept et au-delà sa séparation devient de plus en plus difficile, la masse du lait ne tarde pas à s'aigrir et à se coaguler. Au contact de l'air extérieur, la crème prend plus de consistance et jaunit; au bout de huit jours elle se couvre de moisissures et manifeste une odeur de fromage avancé.

La crème se sépare spontanément du lait, qu'elle soit dans des terrines convenablement évasées ou dans des vaisseaux hermétiquement fermés et pleins jusqu'au bouchon. Il est possible cependant de retarder ce mouvement, même durant plusieurs jours, disons plus, durant plusieurs mois, en faisant chauffer le lait chaque jour à un feu modéré. Ce moyen n'est utile que là où on est obligé de transporter ce liquide à la laiterie en commun, distante plus ou moins, ou bien lorsqu'on a trop peu de lait pour entreprendre de suite à le convertir en beurre, ou bien encore que l'on veut le garder sur des bâtimens en pleine navigation.

On a remarqué que certaine nourriture influe plus que toute autre sur la production de la crème, ainsi, par exemple, la luzerne et les pois verts en élèvent la quantité de dix-huit à vingt pour cent, tandis que l'herbe fraîche n'en donne que dix à treize pour cent, la vesce fraîche huit à neuf seulement, etc., etc.

L'espace de tems qui doit s'écouler entre l'instant où le lait est versé dans les terrines et celui où l'on peut écrèmer, n'est point déterminé d'une manière rigoureuse ni générale. On sait qu'il suffit de quelques heures en été, tandis qu'en hiver plusieurs jours ne sont pas de trop ; que l'espace est naturellement plus long sous une température peu élevée ou très basse, et plus court aux jours orageux ; mais, toutes choses égales, les uns laissent passer seulement deux, trois et quatre heures, quand les autres en accordent six et huit ; les plus tardifs vont depuis la dixième et la douzième, jusqu'à la vingt-quatrième et même jusqu'à la trente-sixième heure ; ceux-ci lèvent la crème le matin avant l'apparition du soleil, et le soir, quand il a quitté notre horizon durant les mois les plus chauds, tandis que, en hiver, ils le font au milieu du jour ; ceux-là n'ont aucune règle fixe, ils subissent le joug des circonstances du moment ou les velléités du caprice ; ailleurs, on attend que le lait se caille et aigrisse, comme s'il n'était point démontré que lorsqu'il en est ainsi, la séparation de la crème n'a plus lieu, et qu'elle n'est épaisse que parce qu'elle s'est associé beaucoup de parties caséeuses. Dans le Holstein on est plus raisonnable, on écrème avant qu'il se manifeste le moindre symptôme d'acidité ; pour saisir le point réel de maturité de cette substance épaisse, onctueuse, agréable au goût, on plonge dedans sa masse un couteau d'ivoire ; si, dans cette épreuve, aucune portion de lait ne monte à la surface, le signe est certain, on opère. On pousse plus loin encore le scrupule, nous apprend Thaër : des ménagères attentives veillent pendant la nuit auprès du lait, pour pouvoir, à l'aide d'une sonnette établie pour cet usage, appeler des aides lorsque ce moment est arrivé.

Une fois l'instant favorable signalé, l'on promène tout autour des terrines la lame très mince du couteau d'ivoire, afin de détacher la crème et faciliter son enlèvement qui se fait au moyen des écrèmoires. Cette opération demande beaucoup de dextérité ; plus elle a lieu promptement et aussi légèrement que possible, sans cependant perdre pour ainsi dire un atôme de crème, plus il y a de chances de succès pour obtenir un beurre excellent et vraiment parfumé.

La crème ainsi levée se dépose en une tinette fermée, pour y être conservée deux et quatre jours en été, et de trois à sept durant l'hiver, jusqu'à ce qu'on en ait suffisamment pour opérer le battage. Ici l'expérience, en même tems que les variations atmosphériques, doivent guider le beurrier. Nul doute, celui qui réunit une assez grande quantité pour le faire chaque jour, gagnera davantage, son beurre étant beaucoup plus fin que le premier.

Crème de Sotteville. — J'ai déjà dit qu'il y a des cantons où l'on n'écrème point le lait, et qu'on le jette dans la baratte immédiatement après qu'il est trait : cette méthode peut paraître étrange, mais elle ne nuit aucunement à la qualité du beurre, seulement elle rend le travail plus fatiguant, et elle prive le ménage d'une double ressource agréable, celles du lait écrémé comme boisson alimentaire, et de la matière caséeuse pour la fabrication du fromage. Ailleurs, ainsi qu'on le voit au village de Sotteville, aux environs de Rouen, on conserve la crème pour en préparer une sorte de frangipane très délicate que l'on livre de suite à la vente : c'est une richesse pour le pays. Le lait qui la fournit est très épais, il imprime à cette frangipane un goût exquis, aussi est-elle fort recherchée sous le nom de *crème de Sotteville*. Des prairies, assises sur la rive gauche de la Seine, donnant une coupe unique de foin par année, reçoivent, seulement en automne, les vaches de ce village ; là, elles puisent une alimentation excellente, qui influe de la manière la plus heureuse sur la sécrétion des mamelles ; ces prairies naturelles ne présentent que des plantes très connues, surtout des graminées.

C**rème de Roquefort.** — Aux laiteries de Roquefort, département de l'Aveyron, on prépare aussi une crème d'un goût exquis, qu'il faut manger sur les lieux pour l'avoir avec toutes ses qualités. Elle s'obtient de la manière suivante : lorsque, sur l'arrière saison, les brebis ne donnent pas, dans le jour, une quantité de lait suffisante pour le convertir en fromage de la dimension ordinaire, la traite se garde pour être unie à celle du lendemain ; mais, dans la crainte qu'elle ne s'aigrisse, on la tient assez près du feu pour qu'elle s'échauffe sans cependant bouillir ; comme elle refroidit durant la nuit, on l'écrème avant de la mêler au lait de la nouvelle traite : c'est cette crème que l'on savoure avec tant de plaisir, sans se douter que son enlèvement est cause du peu de valeur du fromage qui se fait à cette époque. Le mélange des deux laits dépouille le second d'une partie de sa bonté, et diminue d'autant la délicatesse du fromage. J'applaudis à ceux qui, pour une jouissance très passagère, ne sacrifient point aux avantages d'un moment ceux que leur assure la vente des fromages de bonne qualité.

Tel est l'emploi de la crème ; nous allons la voir se métamorphoser en beurre, puis nous suivrons le surplus du lait dans les diverses préparations qu'on lui fait subir, dans l'intérêt de la maison rurale et dans celui du commerce.

CHAPITRE XI.

—

Des expériences, faites consciencieusement, ont prouvé jusqu'ici que le lait de vaches très voisines du vélage, ne produit que très difficilement et fort peu de beurre; que deux mois après le part, un litre de lait donne, terme moyen, quatorze décagrammes de beurre; quatre mois après, la quantité s'élève à dix-neuf, et huit mois après, vingt-deux et demi; le lait étant alors à son maximum de perfection, la quantité de beurre n'augmente plus d'une manière sensible. Ces faits ne sont, je le sens, que très approximatifs, d'autres pourront les compléter ou les rectifier par la suite. En attendant, venons au but que nous avons en vue dans ce chapitre, occupons-nous des moyens mis en usage pour fabriquer le beurre.

Il y a quatre manières de le faire, 1° avec le lait tel qu'il sort du pis de la vache et immédiatement après qu'il a été passé; 2° avec la crème et le caillé mélangés ensemble; 3° avec la crème seule levée à froid; 4° et avec la crème chauffée.

La première méthode n'est point économique ; ainsi que je l'ai déjà dit, elle exige beaucoup plus de tems et une plus grande perte de force ; le beurre est fin, on le dépouille de son petit lait en le coupant, aussitôt qu'il sort de la baratte, par lames très minces, à l'aide d'une spatule qu'on trempe sans cesse dans de l'eau fraîche, puis on le travaille en des vaisseaux de bois plats et mouillés, on le bat en tous sens, on le durcit en le salant faiblement, et après l'avoir dûment pesé, on lui donne la forme d'une borne ; on le dore ensuite, et enfin, après l'avoir trempé dans une eau bouillante, on le glace, en passant et repassant la spatule sur toute sa surface. Ces procédés sont ceux de la Prévalaye, département d'Ille-et-Vilaine, ainsi que des environs de Dunkerque.

La seconde méthode de butirisation est originaire de l'Écosse et de la Hollande, elle a pénétré dans quelques laiteries de nos départemens du Nord ; elle consiste à jeter la crème et le caillé dans la baratte, de les y bien amalgamer, et de les additionner d'un quart ou d'un cinquième d'eau chaude en automne et en hiver, d'un sixième d'eau froide en été. Au bout de trois heures, le beurre est fait, mais il est toujours blanc et peu susceptible de se garder, l'eau qu'il contient et l'air qui le pénètre, le poussent à rancir promptement.

La troisième méthode, la plus usitée en France et que j'estime la plus convenable, est celle qui donne les plus grosses et les meilleures mottes de beurre. Pour l'exécuter régulièrement et en retirer tous les avantages, il faut faire la plus grande attention à ce qu'il ne tombe rien d'étranger sur la crème : du sucre, des cendres, du savon, etc., empêchent la formation du beurre. Il faut avoir soin encore qu'elle soit à une température moyenne de douze degrés à douze et demi centigrades ; quand on la verse dans la baratte, plus chaude ou plus froide, l'opération ne réussit que très imparfaitement. En hiver, il n'est point rare, dans les laiteries ordinaires, de la voir exiger une demi-journée de battage. A 13 degrés centigrades on a un beurre gras, ferme, de haute finesse et d'un goût très agréable ; à 15° il est abondant, de bonne qualité, mais d'une moindre consistance ; à 18°, comme il y a excès, le choc divise les particules butireuses à mesure qu'elles tendent à s'agglomérer ensemble, il les réunit au lait, il y a par conséquent nullité de produit, et si l'on en obtient quelque peu, c'est un beurre mou, spongieux, tout-à-fait sans valeur.

Une fois dans le vase destiné à battre la crème, et dans les conditions favorables que nous avons indiquées, il convient de l'agiter avec assez de force, de rapidité, et surtout de régularité (1) pour qu'elle *tourne* promptement, selon l'expression vulgaire, c'est-à-dire jusqu'à

(1) Sous ce dernier point de vue, il est de fait que *quelques coups irréguliers donnés trop précipitamment peuvent rendre extrêmement mauvais du beurre qui, sans cela, eût été de première qualité.*

ce que, d'une part, toutes ses parties soient successivement présentées à l'action de l'air et du bat-beurre ; de
l'autre part, jusqu'à ce que les élémens butireux se gra-
nulent, s'unissent intimement entre eux et se présentent
vite en une masse homogène ; alors on sépare aussitôt le
beurre de son résidu laiteux, dans la crainte que celui-
ci, très prompt à entrer en fermentation, ne lui communique un mauvais goût ; on le pétrit avec soin dans de
l'eau fraîche (l'eau courante est préférable à celle des
puits), pour le dépouiller entièrement de tout le petit
lait qui peut lui demeurer adhérent. On opère sur un
vase de bois, percé de petits trous, dans la vue de prévenir la perte de quelques parcelles de beurre.

La quatrième méthode, celle de faire chauffer le lait
jusqu'au degré voisin de l'ébullition, afin d'obliger la
crème de s'élever de suite, et de la battre aussitôt qu'elle
est un peu refroidie, se pratique dans plusieurs de nos
départemens de l'Ouest, dans celui de la Vendée en particulier. On la trouve répandue en diverses contrées de
l'Angleterre, telles que le Cornouaille, le Devonshire,
le Sommerset, etc. On assure qu'elle fournit beaucoup
plus de beurre que n'en donne la crème montée spontanément, et que le lait restant est plus corsé que le lait
ordinaire : cela peut être, je trouve bien le beurre parfaitement doux, mais il n'est guère susceptible de se
conserver au-delà du troisième jour.

Dans le pays très bien cultivé du Holstein et chez les

Anglais, on ne lave point le beurre, on y regarde cet usage comme désavantageux ; au sortir de la baratte, on place le beurre sur une table inclinée, on le pétrit fortement avec une spatule en bois ou bien avec un écumoir en fer percé de petits trous, et on le retourne sur toutes les faces. Cette trituration peut avoir de bons effets, mais je doute qu'elle puisse remplacer positivement les lotions réitérées du lavage, que je préfère, parce qu'elles facilitent l'extraction du sérum, et abrègent le travail : plus le beurre est bien nettoyé, plus long-tems on le garde avec certitude. Ainsi bien lavé, on le laisse en repos, afin qu'il absorbe une certaine quantité d'oxigène. Cependant, il est des personnes qui le privent de tout contact de l'air, sans pour cela, disent-elles, nuire à ses qualités, sans pour cela solliciter la réaction des principes du beurre sur eux-mêmes.

Elle est tellement puissante, cette réaction, que le beurre prend sous son influence, une mauvaise odeur, une odeur pénétrante, qu'il devient âcre et complètement rance. Elle est sollicitée par une absorption trop grande d'oxigène, et par la formation de l'acide sébacique. On prévient ces fâcheux accidens au moyen du sel, par la fonte ou par la dépuration.

Le beurre bien fait se conserve dans un état frais durant une quinzaine. Ce n'est que quelques heures après être sorti de la baratte, en été, et seulement le lendemain en hiver, que cette substance prend toute sa saveur ;

elle a besoin d'absorber une quantité suffisante d'oxigène, pour arriver à ce point de perfection. Mais si l'on veut prolonger davantage sa fraîcheur, il faut, à l'exemple de certains Espagnols, la soustraire au contact de l'air, et l'enfermer dans des boyaux préparés.

BEURRE SALÉ. — Il ne suffit pas de savoir faire du bon beurre, il faut encore savoir le conserver pour l'hiver. Le meilleur, pour cet usage, est celui fabriqué pendant que les vaches se nourrissent de la seconde herbe, qui est plus succulente que la première. De cette circonstance le beurre est dit de *regain*, beurre de *second pré*, et beurre d'*automne*. Lorsqu'il se trouve un peu trop mou, l'on peut le raffermir en le descendant, durant vingt-quatre heures, dans un puits, en le tenant à peu de distance du niveau de l'eau; là, il prend de la consistance. Cela n'empêche nullement de le saler. A cet effet, on le pétrit avec du sel. Quelques ménagères se contentent de le couvrir d'une forte saumure à cinq centimètres de hauteur; elles ignorent sans doute que cette saumure ne pénètre point le beurre en toutes ses parties, et qu'elles l'exposent ainsi à se gâter. Disons les procédés à suivre.

Le beurre que l'on veut saler convenablement doit être bien fait, de fraîche date et réunir le plus de qualités, par conséquent pris de préférence parmi celui du mois d'août et de septembre. On le lave de nouveau dans de l'eau limpide, puis on le partage en petits gâteaux de neuf à quatorze hectogrammes chacun, que l'on étend tour à tour avec un rouleau comme les abaisses de pâte; on les pétrit fortement en les saupoudrant de sel gris (1) séché au four, broyé de manière à ce qu'il n'offre plus de saillie, et on en met à raison de trois décagrammes et demi par demi-kilogramme. L'opération n'est complète que lorsque le sel est parfaitement incorporé dans le beurre.

Aux tinettes ou tavellanes, lors même qu'elles seraient en bois de frêne, dans lesquelles on l'enferme d'ordinaire et que l'on échaude avec soin à l'eau bouillante avant de s'en servir, je préfère les pots de grès comme plus sains, plus maniables, moins sujets à prendre un goût étranger, et de la contenance de dix à trente kilogrammes. Au fond on répand une couche de sel, et l'on place dessus le beurre que l'on foule exactement de tous côtés, afin qu'il ne reste aucun interstice, aucune cavité où l'air puisse se loger, car ces vides deviennent bientôt le foyer d'une fermentation qui gagne tout le vase et en détériore le contenu à tel point qu'il n'est plus de défaite. Quand le vaisseau de bois ou de grès se trouve rempli à cinquante-quatre millimètres près, l'on couvre la masse du beurre de saumure; au bout de huit jours, décantez la saumure, pressez de nouveau, parce que le

(1) Le sel gemme obtenu des sources salifères, ou que l'on retire du sein de la terre, est réputé faire de mauvaises salaisons en tout genre.

beurre a diminué de volume par la dissolution et l'incorporation étendue du sel ; il s'est détaché de deux millimètres environ des bords. Cette opération terminée, privez absolument la masse du contact de l'air qui la rancirait, et remplissez le vase, en l'agitant lentement, de saumure reposée, tirée au clair et assez forte pour que la solution supporte un œuf frais. Je dis qu'il faut agiter le vase et verser la saumure lentement, afin qu'elle pénètre partout également ; j'ajouterai que la saumure trop faible ne répond point à l'effet conservateur que l'on attend d'elle. Il faut avoir soin de la renouveler de tems en tems, toujours avec les mêmes précautions. Veut-on, pour l'usage, prendre une certaine quantité de beurre? on le racle sous le lit de saumure, ou bien on le coupe par tranches horizontales ; il faut éviter de jamais creuser dans la masse: plus on apporte de soins et d'attention dans ces diverses manipulations, plus long-tems on conserve le beurre. Cette méthode, enseignée par les cultivateurs du pays de Bray, département de la Seine-Inférieure, est aujourd'hui généralement suivie en France.

Selon la quantité de sel employée pour en saupoudrer le beurre, on a le *beurre demi-sel*, le *beurre salé* et le *beurre sur-salé*. Le premier et le second fournissent beaucoup de matière nutritive et se digèrent facilement.

Les beurrières de la Prévalaye préfèrent au sel gris le sel blanc obtenu par évaporation des marais salans de

Batz et du Pouliguen, dont l'entrepôt général est au Croisic, département de la Loire-Inférieure. Il sale mieux et donne au beurre un goût de violette fort agréable, analogue à l'odeur que ce sel exhale dans le vaste échiquier où je l'ai vu se cristalliser.

Un écrivain écossais, le seul guide, depuis un demi-siècle, de nos agronomes de salon, le docteur James Anderson, dans un mémoire publié à Paris en 1791 et inséré en la *Feuille du cultivateur* (1), recommande, au lieu et place du sel gris ou blanc, une composition de son invention formée d'une partie de sucre, une partie de salpêtre et deux parties du meilleur gros sel de Portugal ; il réduit ces substances en poudre fine, il les mélange bien ensemble, puis il en prend six décagrammes pour un kilogramme de beurre, il l'incorpore dans la masse qu'il presse ensuite dans le vase préparé, et il en égalise la surface, au moyen d'un linge fin, propre, sec, coupé sur le diamètre intérieur du vase, et d'un second trempé dans du beurre fondu. Le docteur Anderson n'admet aucune sorte de saumure: pour fermer tout passage à l'air, il coule du beurre fondu le long des joints de chaque douve. Le beurre salé, dit-il, peut ainsi se garder plusieurs années, il supporte les voyages de long

(1) Tome 1, p. 229 à 253, sous le titre de : *Observations sur la conduite des laiteries, et principalement sur ce qui est relatif à l'art de faire le beurre.* Il avait paru précédemment dans le vol. V, page 64 et suiv, des actes de la Société d'agriculture de Bath.

cours. Un mois entier est nécessaire pour donner à sa préparation le tems de pénétrer les moindres parties de de la masse. Son beurre n'est ni solide ni cassant, mais il est moëlleux, sans goût de sel et d'une belle couleur.

Il y a deux saisons où l'on peut s'occuper avec succès de la salaison du beurre, au printems pour la vente d'été, et en automne, pour la provision d'hiver. L'automne est la meilleure époque, parce que les chaleurs altèrent promptement le beurre, et parce que, en hiver, tems où l'on en fait le moins, il se vend très avantageusement.

S'agit-il de transporter le beurre salé à quelque distance, on substitue à la saumure qui en couvre la surface, une couche de sel tenue entre deux linges secs; et lorsqu'il est arrivé à sa destination, on enlève la couche de sel et l'on rétablit la saumure.

Beurre fondu. — Le beurre que l'on veut fondre doit être pris généralement parmi celui de mai ou de septembre, nouvellement fabriqué. On le met dans un chaudron en fer de fonte, bien étamé, que l'on place sur un feu doux; quand le beurre commence à se liquéfier et à frémir, on le remue avec une spatule, afin d'amener à la surface une écume qu'il faut enlever soigneusement et à mesure qu'elle s'élève. Dans le même instant les impuretés les plus lourdes tombent au fond. Ces impuretés n'existent pas dans les élémens propres du beurre, elles ne sont autres que des parcelles de crème, la substance cailleuse et l'eau qui lui sont restées adhérentes malgré

les lavages soignés, malgré les attentions les plus minutieuses apportées à l'en dépouiller ; elles se séparent de
lui sous l'action de la chaleur, elles se rassemblent, se
précipitent et se fixent au fond du chaudron, où elles s'é-
paississent, se concrètent et finissent par se réduire en
poussière terreuse.

A mesure que l'écume monte, on augmente le feu jusqu'au moment de l'ébullition ; il faut veiller très attentivement dans la crainte d'un incendie si le beurre ve-
nait à s'extravaser, et pour prévenir la perte d'une
quantité notable de cette substance. En poussant trop
vite le feu, son action déterminerait d'abord la carboni-
sation des impuretés accumulées au fond du chaudron,
ensuite un goût de brûlé qui se communiquerait aussitôt
à toute la masse. Le beurre lui-même dégagerait en cette
circonstance de l'acide sébacique; il deviendrait roux et
d'une insupportable âcreté.

On retire dès que l'écume ne paraît plus, et que le
beurre est entièrement tourné en huile transparente,
parfaitement pure ; on laisse refroidir jusqu'à ce qu'on
puisse y tremper un doigt, puis, cuillerée par cuillerée et
le plus doucement possible, pour ne point troubler le dépôt du fond, on le verse dans les pots de grès très propres et n'ayant aucune odeur, que l'on ferme hermétiquement, et l'on porte aussitôt à la cave ou bien au cellier.

Anderson conseille de l'additionner, lorsqu'il entre
en ébullition, d'une portion de miel fin (six décagrammes

par kilogramme de beurre); ce mélange, dit-il, a une saveur agréable et douce ; il se conserve durant plusieurs années. Je doute fort qu'il soit du goût de beaucoup de personnes ; il ne me convient nullement.

Le beurre fondu à une chaleur modérée , devenu opaque en refroidissant, présente une couleur à peu près semblable à celle du beurre frais, seulement un peu plus pâle et d'une consistance plus ferme. Il n'a plus la saveur agréable du lait ni le goût flatteur du beurre frais ; il est grenu, fade, analogue de la graisse, aussi l'emploie-t-on en place d'huile pour les salades, d'axonge dans les fritures et autres condimens de la cuisine. Il se conserve en bon état pendant plus d'une année s'il a été fait avec les précautions convenables. Passé ce terme, il éprouvera sans doute le sort de toutes les matières grasses, animales et végétales, qui sont plus ou moins sujettes à la même altération. Olivier de Serres attribue l'invention de conserver long-tems le beurre fondu, aux markaires des Vosges (1).

BEURRE FORT ET BEURRE RANCE. — Lorsqu'elle se manifeste, cette inévitable altération, le beurre devient fort, complètement rance, et exhale une odeur vraiment rebutante ; il ne convient plus de s'en servir à l'apprêt des alimens, les arts seuls peuvent en tirer quelque parti ; chez des familles où l'huile manquait, je l'ai vu mettre

______

(1) *Théâtre d'Agriculture*, iv lieu, chap. 8, p. 529.

dans les lampes, y brûler et fournir une lumière égale et claire. Mais, comme il n'atteint à ce fâcheux état que par degré, l'on a les moyens de le prévenir ou d'y remédier, savoir : 1° soit, après l'avoir malaxé, partie par partie et plusieurs fois, en une eau pure et limpide, en le jetant dans la baratte avec du lait frais, du lait de la première traite, à raison de autant de litres de lait qu'on a de demi-kilogrammes de beurre ; on les agite bien ensemble, et le beurre qui en sort ne se distingue pas du beurre vierge ;

2° Soit en le mettant dans un chaudron bien étamé avec deux fois au moins autant d'eau que l'on a de beurre à dérancir ; lorsque l'eau est assez chaude pour le fondre entièrement, on remue, à l'aide d'une forte spatule, de manière à bien incorporer l'eau dans chaque bulle butireuse, puis on ôte de dessus le feu et on laisse refroidir. On enlève alors le beurre qui s'est séparé de l'eau, l'on recommence l'opération une deuxième fois, et même une troisième, une quatrième fois selon le plus ou moins de rancidité, en ayant grand soin de laisser toujours parfaitement refroidir, afin que le beurre se laisse plus facilement prendre à la surface ; on remet enfin son beurre dans un pot, et on lui donne un peu de sel. Quelques personnes ajoutent à l'eau chaude du jus de carottes jaunes coupées par tranches et pilées, pour hâter l'enlèvement de la rancidité, et pour imprimer au beurre une belle couleur dorée ;

3° Soit enfin, en le faisant fondre dans le double de son poids d'eau bouillante et légèrement aiguisée par une petite quantité de sel. Une fois fondu, bien uni à l'eau, on laisse refroidir en un lieu frais, où l'air ne pénètre point directement, ou bien on le fait dans un mélange de sel et de glace pilée. L'eau bien reposée, chargée des impuretés, les oblige à gagner le fond du chaudron, tandis que l'huile butireuse se concrète à la surface. Au moyen d'un couteau d'ivoire, on y pratique une ouverture, en enlevant une petite portion de beurre, on décante l'eau qui se trouve blanchie par l'espèce d'émulsion que l'huile fluide forme avec le sérum, ou, ce qui vaut cent fois mieux, en lui donnant issue par un bouchon ou robinet ménagé dans la partie la plus inférieure du vase. L'on réitère cette opération, qui a beaucoup de rapports avec la seconde indiquée, jusqu'à ce que l'eau sorte parfaitement limpide. Le beurre ainsi purgé se conserve long-tems. J'ai vu, par l'un et par l'autre de ces procédés légitimes, rendre toutes ses qualités premières à du beurre devenu fort et tout-à-fait rance. Il en est d'autres que les marchands de comestibles emploient dans ce qu'ils appellent *retravailler le beurre*, mais la cupide sagacité de ces tristes manipulateurs n'échappe point, en général, au fin dégustateur; elle devrait solliciter plus vivement la surveillance de la police municipale. Je m'abstiens d'en dire davantage, pour ne point multiplier les fraudeurs, déjà si nombreux et si hardis.

La cause première de la rancidité de la plupart des beurres, même du beurre frais que portent aux marchés les montagnards des Pyrénées, des Cévennes, des Alpes et de la chaîne qui, de ce groupe immense de hautes montagnes, se prolonge, par le Jura, jusqu'à la dernière ramification des Vosges, est due, chez les uns, au bois de sapin employé pour leurs divers ustensiles, et chez les autres aux terres non vernissées dont ils font habituellement usage. Ainsi que nous l'avons déjà vu plus haut, la porosité du sapin et de la terre cuite ne permet point que le nettoiement soit aussi complet qu'il le faut ; les particules laiteuses et butireuses qu'ils pompent, qu'ils absorbent incessamment s'y cachent, y fermentent et répandent autour d'elles une odeur de rance très invétérée. Joignez à cet inconvénient grave, qui se manifeste également dans les outres, la négligence des personnes chargées du soin de laver, et vous sentirez toute l'importance qu'il y aurait à lessiver chaque jour, et avec la plus scrupuleuse attention, toutes les parties internes et externes des différens meubles de la laiterie. Je ne saurais trop le répéter, de ces soins minutieux dépendent la prospérité de l'établissement et les hautes qualités de ses produits.

Parlons maintenant de la coloration du beurre.

COLORATION DU BEURRE. — On obtient le beurre du lait de la plupart des mammifères. Le meilleur et le plus abondant se retire d'abord de la vache, ensuite de la chèvre et de la brebis, mammifères ruminans. Ou en fait aussi avec le lait de la chamelle, mais je ne le connais point; lorsque je me trouvais en Toscane, je n'en ai point vu faire au haras de San - Rossore, près de Pise, où l'on élève, depuis 1630, un troupeau de chameaux et de dromadaires (1). Le beurre de la brebis est d'un blanc gris tirant par fois un peu sur le jaunâtre, toujours mou, toujours huileux, et se rancit promptement. Celui de la chèvre est très blanc, assez semblable à du suif, solide, et comme il ne contient presque pas de matière caséeuse, il se garde assez de tems. Le beurre de la jument est d'un blanc sale, très peu abondant et mauvais; celui de la renne est blanchâtre, savoureux, fort peu gras et n'a pas de consistance. Le beurre de l'ânesse et celui de la buflesse sont d'un blanc terne, assez bons, mais peu solides. Il n'y a donc à proprement dire qu'un seul, qu'un véritable beurre, c'est celui de la vache, aussi est-il le plus recherché, le seul qui soit naturellement jaune.

Cependant cette couleur n'existe qu'en été; durant les trois autres saisons, elle est peu sensible et même elle disparaît entièrement pour passer au blanc plus ou moins pur. Cette variation de teinte et son absence totale n'ôtent rien aux qualités essentielles du beurre, c'est un fait incontestable. On s'en sert presque partout

(1) On n'y fait point non plus servir leur lait à confectionner ces fromages, que les Arabes bédouins estiment si délicieux qu'ils les placent au-dessus de tous les autres.

qu'il soit absolument blanc ou qu'il présente une teinte jaunâtre très légère, tandis que, en certaines localités, surtout aux grandes villes et jusque dans leurs environs, sous cette double livrée, on l'estime non seulement imparfait, mais encore très mauvais. De cette croyance ridicule est venue l'habitude où l'on est, ici, de délayer dans la crème une petite portion de matière colorante, là, de l'appliquer directement sur le beurre quand il est fait et dépouillé de toutes les parties caséeuses et séreuses.

La plupart des substances colorantes auxquelles on a recours à cet effet, étant susceptibles de faire contracter au beurre des odeurs étrangères et un goût plus ou moins désagréable ou fâcheux, il faut éviter scrupuleusement tout ce qui provient de plantes alliacées, ainsi que les végétaux suspects appartenant aux familles des papavéracées et des renonculacées, et n'employer que les parties végétales reconnues absolument saines et inodores. Les plus profitables sont empruntées au souci double ou simple de nos cultures, *calendula officinalis,* et à la carotte, *daucus carota.*

Les pétales du souci, nouvellement épanoui, se cueillent par une fraîche matinée, se jettent et se foulent dans un pot de grès, bien clos et tenu dans une cave ; au bout de quelques mois ils se convertissent en une liqueur épaisse, d'un beau jaune solide, dont les beurriers du pays de Bray se servent, surtout en hiver, pour colorer la crème avant de la verser dans la baratte. Quoique la quantité de cette liqueur soit très petite, elle pénètre le beurre de manière à ce qu'il ne perde point sa couleur brillante, et qu'elle ne soit nullement sensible à l'odorat et au goût. Cette innocente sophistication ajoute à la délicatesse du beurre ; elle était depuis longues années un secret pour eux, quand, le 14 janvier 1762, Jore, honorable cultivateur à Mervall, dans cette riche contrée des départemens de la Seine-Inférieure et de l'Oise, en révéla les procédés à la Société d'agriculture de Rouen, les propagea l'année suivante par la voie de la presse (1), etles fit adopter dans un grand nombre de localités tant nationales qu'étrangères.

En Angleterre, c'est l'extrait de carottes qui est en usage pour colorer, pendant l'hiver et au commencement du printems, le beurre qu'on y prépare, particulièrement celui de Epping, qui passe pour le meilleur de toute la Grande-Bretagne. On prend des carottes jaunes fraîches, on les râpe soigneusement avec une râpe en ferblanc, et l'on en exprime le jus au travers d'une toile forte et claire, que l'on unit en quantité convenable avec la crème que l'on va soumettre aux mouvemens de percussion de la baratte. Comme celui du souci, le jus de carottes ne communique aucun goût au beurre, il lui

____

(1) *Mémoires de la Société d'agriculture de la généralité de Rouen*, tome I, page 207 à 232; réimprimé en 1794, avec quelques modifications, dans la *Feuille du Cultivateur*, tome IV, p. 87 à 91.

donne l'aspect flatteur de celui fabriqué dans le mois de juin, lequel n'a nul besoin d'être artificiellement coloré.

On a recours aussi à d'autres substances végétales , telles sont, par exemple , les stigmates frais ou secs du safran, *crocus sativus ;* la graine de l'asperge comestible, *asparagus officinalis;* les baies aigrelettes du coqueret , *physalis alkekengi;* la pâte tinctoriale obtenue des semences du roucouyer, *bixa orellana ,* etc., lesquels fournissent un résultat assez satisfaisant. Il n'en est pas ainsi de la racine de la buglosse orcanette, *anchusa tinctoria,* et du grémil des teinturiers , *lithospermum tinctorium ,* qui croissent dans les terrains sablonneux de nos départemens méridionaux, ou bien encore de celle de l'onosme vipérine, *onosma echioïdes ,* vivant aux lieux les plus stériles et sur les montagnes les plus sèches ; elles donnent au beurre , le plus ordinairement, une teinte d'un rose très léger ; ni des betteraves rouges et jaunes, encore moins du corps sec, marbré de pourpre et de gris , de la cochenille du nopal, dont le principe colorant est excessivement soluble dans l'eau. Pour que le beurre puisse s'approprier la matière colorante qu'on lui présente , ainsi que l'ont fait observer et Parmentier et de savans chimistes , il faut nécessairement qu'elle appartienne à la classe des résines.

BEURRES LES PLUS CÉLÈBRES DE LA FRANCE. — Les beurres français égalent , je pourrais même dire, sans crainte d'être démenti, qu'ils surpassent en réputation et

en bonté tout ce que la Suisse, la Hollande, l'Angleterre
et les États-Unis de l'Amérique citent de mieux en ce
genre. Nos beurres sont recherchés sur tous les marchés
de l'Europe ; les principaux d'entre eux, ceux qui forment la tête et servent de preuves à mon assertion
sont les suivans :

Beurre de la Prévalaye. — Ce beurre, que l'on désigne aussi sous le nom de *Beurre de Bretagne,* commença
d'abord par être uniquement fabriqué à la ferme de la
Prévalaye, située à trois kilomètres de la ville de Ren-
nes, puis aux environs, enfin dans tout le pays qui forme
aujourd'hui le département d'Ille-et-Vilaine. Long-tems
on attribua l'excellente nature de ce beurre, sa saveur,
sa couleur et sa consistance à l'effet des pâturages et à la
race des vaches élevées dans le pays; mais, en 1794, un
des agronomes voyageurs les plus distingués de la fin du
dix-huitième siècle, C. de Villeneuve, démontra (1) que
tout le secret résidait dans les soins attentifs donnés aux
animaux et à leur habitation, et dans le mode de fabrication.

Les vaches, quelle que soit la localité qui les fournit,
sont de grandeur moyenne, étrillées chaque jour, et leur
litière exactement changée ; on leur évite les moindres
atteintes du froid ; on les nourrit le matin à l'étable,

(1) *Feuille du Cultivateur,* tom. IV. p. 280 à 282. Ces procédés
sont exactement suivis aujourd'hui partout où le beurre dit de
Bretagne est bien fait.

d'une herbe très fine , mêlée avec des tiges de seigle
coupées en vert et du bon foin de l'année précédente ;
puis on leur administre une ample boisson tiède, un peu
salée et blanchie avec des recoupes. Dans le milieu du
jour on leur abandonne des pacages réservés et clos ; le
soir, en rentrant, elles trouvent un repas semblable à celui du matin, et pendant qu'elles le mangent on procède
à la traite , après avoir lavé leurs pis. S'il pleut ou s'il
fait froid , elles demeurent à l'étable, d'où elles sortent
un moment, le matin, pour être conduites sur la motte
aux fumiers où elles se vident et conservent la chaleur de
leurs pieds ; après quoi elles rentrent, se couchent, ru-
minent et attendent patiemment le dîner, lequel ressemble en tout au premier comme au dernier repas.

Le lait de la veille au soir et le lait chaud du matin se
mêlent ensemble ; on les laisse ainsi quelques heures
avant de les jeter dans la baratte , qui est tenue très
propre, et dans le fond de laquelle on introduit, en hiver,
un vase rempli d'eau chaude. On ne sépare jamais la
crème du caillé, le beurre en est, selon l'opinion adoptée
dans le pays, plus abondant et plus fin. Au sortir de la
baratte, comme je l'ai déjà dit plus haut, on le débarrasse de son petit-lait en le coupant par lames très minces, qu'on lamine, bat et tourne en tous sens ; on les
réunit après, et lorsque le beurre commence à durcir, on
le sale faiblement, puis on le livre au commerce, le plus
estimé renfermé dans des petits paniers carrés, revêtus

en dedans d'un morceau de toile fine que l'on couvre de sel tiré du Croisic ; l'autre, en des petits pots d'argile noire également couverts de sel. Ce beurre a un goût exquis de noisette fraîche et une grande fermeté.

Lorsque l'herbage a pris du corps, le beurre, quoique toujours très bon, est privé de la fleur dorée qui le rendait si précieux à l'œil du consommateur, les beurrières de la Prévalaye le colorent et font pénétrer la liqueur de souci qu'elles emploient à cet effet, en passant et repassant sur sa surface la spatule trempée dans de l'eau bouillante (1) ; le beurre y gagne un beau glacé, mais il nuit à sa solidité et à sa conservation ; en peu de jours il devient gras et se ternit au grand air.

Beurre d'Isigny et de Trévières. — Le territoire d'Isigny, ainsi que celui de Trévières, situés dans l'arrondissement de Bayeux, département du Calvados, font partie de la pittoresque vallée d'Aures, et sont fertiles en pâturages d'une excellente qualité; la dépouille s'en fait par des bestiaux que l'on y engraisse et principalement par des vaches laitières, dont le lait fournit un beurre des plus délicats. C'est en hiver qu'il acquiert son plus haut degré de finesse et de saveur. Il s'en fait un débit

---

(1) Je lis dans un ouvrage trop souvent consulté, que ces femmes ont l'habitude de placer leurs gâteaux de beurre dans une tourtière placée sur des cendres chaudes et qu'elles la couvrent, durant plusieurs minutes, d'un couvercle en cuivre chargé de cendres également chaudes. Ce fait n'est point exact, il appartient seul aux marchands de comestibles.

très considérable. Aussi, pour soutenir cette réputation et les grands profits qu'il apporte dans le pays, les cultivateurs de toute la vallée disposent avec intelligence la pâture des herbages d'automne, et la prolongent le plus tard possible. D'une autre part, ils font couvrir les vaches à une époque calculée de manière à ce qu'elles mettent bas en septembre ou bien en octobre, et que le lait, renouvelé par le veau, soit, en hiver, meilleur et plus abondant.

Les soins de ces animaux et de la laiterie sont, dans chaque ferme , remis à la ménagère ; c'est sur elle que reposent toutes les opérations, c'est elle qui les dirige et les rend régulières et actives par une surveillance de tous les instans. Elle a sous ses ordres un nombre plus ou moins grand de femmes chargées d'aller traire les vaches aux pâtures les plus éloignées, souvent même à plusieurs kilomètres de distance ; elles s'y rendent à cet effet, les unes, dès les trois et quatre heures du matin, tandis que les autres y portent, à diverses reprises, dans la journée, les fourrages secs qui doivent tempérer l'action relâchante de l'herbe fraîche ; car ici les vaches ne demeurent point dans les étables, telle rigoureúse que soit la saison : l'expérience a démontré que la stabulation constante nuit essentiellement à la haute qualité du beurre (1).

(1) Dans la Beauce , département d'Eure-et-Loir , les vaches ne sortent qu'en août et septembre, pour aller pâturer aux champs,

La propreté la plus recherchée et la plus minutieuse règne dans la laiterie et sur les ustensiles qu'on y emploie (1) ; chaque jour, à des heures réglées, le sol en est lavé. Un feu de charbon y est entretenu pour avoir une température toujours égale, en hiver, et aider la crème à monter régulièrement. La crème séjourne peu sur le lait, on la lève avant qu'elle ait acquis toute sa consistance ; on la garde au frais pendant deux et trois jours, et on en fait du beurre. Quand on le retire de la baratte, il est aussi doux que le lait sortant du pis de l'animal. Le beurre le plus fin et le plus délicat est appelé *beurre de Géret* et *grand beurre*.

Beurre de Gournay. — Le beurre qui se fabrique aux environs de la ville de Gournay, département de la Seine Inférieure, rivalise en bonté avec celui d'Isigny, et ne lui est réellement supérieur qu'en été. Ses qualités dépendent moins du laitage que de la manière de conduire la laiterie. Aussitôt après la traite, la liqueur qu'elle a produit est déposée en des caves parfaitement voûtées, profondes et fraîches, qui sont tenues très propres et à une température égale en hiver comme

sur des prairies dont la base est le sainfoin, *hedysarum onobrychis*, c'est aussi l'époque où le beurre y est excellent. Il est pris sur un lait très riche en crème.

(1) Depuis 1788, d'après les conseils de Cadet de Vaux, on a cessé, comme dangereux à la préparation du beurre, d'y faire usage des ustensiles en cuivre qui y servaient depuis les tems anciens.

en été ; là, le lait attend vingt heures avant d'être écrémé, et dès qu'il l'est, on enlève ce qui reste, dans la crainte de le voir s'aigrir et communiquer une mauvaise odeur aux terrines voisines. On est persuadé dans ce canton que la crème levée, nouvelle et douce, sur un lait encore tiède, rend une plus grande quantité de beurre, et qu'il en est plus fin, plus délicat, plus agréablement parfumé: voilà pourquoi l'on veille très attentivement à ce que l'atmosphère intérieure de la laiterie demeure toujours la même, voilà pourquoi l'on préfère les caves aux chambres dites laiteries. L'usage de l'infusion des fleurs de souci, pour colorer le beurre, est très ancien dans le pays ; je n'ai pu remonter à son origine.

Beurre de Bray. — Les précautions sont plus grandes encore dans la vallée de Bray, département de la Seine-Inférieure, pour y maintenir le beurre bon et délicat durant toutes les saisons de l'année. On y possède des pâturages excellens qui nourrissent un grand nombre de vaches à lait ; l'on amende ces pâturages comme les autres terres, de manière à en entretenir la belle et vigoureuse végétation.

La laiterie est établie dans des caves voûtées, carrelées en briques, tenues hermétiquement closes pendant les chaleurs du jour et durant les froids. On en éloigne tout ce qui est en bois, ustensiles, planches, etc., de crainte que la grande fraîcheur de la cave ne les excite à pourrir et par suite à répandre une mauvaise odeur. On n'y entre jamais qu'avec des sabots qui toujours restent à cet effet à la porte: toute autre chaussure pourrait jeter un goût aigre et nuire au lait. Nulle part on ne souffre le plus léger signe de malpropreté ; souvent on lave le sol sur lequel on dépose directement les terrines, pendant vingt-quatre heures, avant de les écrémer toutes au même instant, ce qui se fait avec une admirable précision et une grande promptitude. On renferme la crème dans des cruches où elle attend quatre, cinq et huit jours. Au bout de ce tems, on la verse dans la serenne, à laquelle on donne un mouvement rapide, régulier, soutenu durant une heure ; selon la quantité de crème, le service de la serenne est remis à deux, quatre et même six femmes qui se succèdent à l'une et à l'autre manivelle, sans suspendre l'impulsion imprimée. Sitôt que l'on s'aperçoit que le beurre est formé, ce qui se sent à la main et ce que l'oreille indique, on le rafraîchit avec une eau bien pure et puisée à l'instant même, qu'on introduit dans la serenne jusqu'à trois fois différentes. On enlève enfin le beurre, on le divise par mottes ou gâteaux ; on le colore s'il en a besoin, et on en porte une partie aux marchés, tandis que l'autre, destinée à la salaison, s'expédie pour le service de la marine. Il se fait un commerce très considérable de ces deux sortes de beurre, dont le plus estimé se prépare à

Catillon, à Forges, à Longmesnil , à Mauquenchy, etc., arrondissement de Neufchâtel.

Beurre de choux. — On donne ce nom au beurre retiré du lait de vaches nourries à l'étable avec les feuilles vertes et charnues que l'on voit au sommet de la tige des choux cavaliers, *brassica viridis*, montant jusqu'à deux mètres de haut dans nos départemens de l'Ouest, et résistant en plein-champ durant tout l'hiver dans nos départemens les plus au Nord. On attend que ces feuilles commencent à se flétrir , moment où les vaches les aiment le mieux , et où elles leur fournissent une nourriture aussi saine qu'agréable. On leur donne aussi parfois la pomme de cette plante avant qu'elle ait atteint toute sa grosseur. Le beurre en reçoit un goût très fin et la propriété de se conserver long-tems frais ; il est de plus abondant et très ferme. C'est de l'Allemagne que nous est venu l'usage de ce beurre.

Beurre doux. — Disons , avant de finir, un mot du beurre doux que l'on fait en Saxe, au pays de Henneberg , où les pâturages sont d'excellente qualité. Ce beurre est vraiment délicieux malgré les particules crémeuses brunes qu'il présente à l'œil. On remplit un pot, *milchtopf* , de lait écrémé qui a passé la nuit , on le place dans le four d'un poêle allumé , ou simplement sur le poêle quand il n'a point de four , et on l'y laisse jusqu'à ce que la crème soit entièrement montée et devenue brune, sans cependant bouillir , car l'équilibre de proportion entre les élémens de la crème changerait ; il se produirait un acide qui coagulerait en caillé avant que le beurre ait le tems de s'en séparer. On retire alors le vase, on laisse la crème se refroidir, et quand elle est complètement froide, on l'enlève avec une cuiller , et on la met dans un autre vase en faïence, où on la remue à l'aide d'une mousserole (v. fig. 10 et 19), jusqu'à ce que le beurre soit formé. D'autres personnes enferment la crème refroidie dans une bouteille à large goulot; elles la secouent fortement, et obtiennent ainsi du beurre doux. Depuis 1791 que ce procédé est connu, je l'ai vu pratiquer souvent en France.

CHAPITRE XII.

SERVICES DE LA LAITERIE SOUS LE RAPPORT DU FROMAGE.

Substance alimentaire , à la fois saine et agréable , obtenue par masse ou bien en flocons grenus, de la partie caséeuse et de la partie butireuse du lait réduites à l'état de coagulation, tantôt spontanément, tantôt par ébullition , et tantôt à froid, au moyen d'un suc acide désigné sous le nom de *présure,* le fromage, après avoir été plus ou moins salé, s'enferme en des moules disposés à cet effet, que l'on place, régulièrement et à plusieurs reprises sous une presse, pour en faire sortir tout le petit-lait, qui nuirait à sa solidité, à sa durée, à sa couleur, à son goût, à sa sapidité et aux autres qualités que lui demande et qui flattent le consommateur. Voilà, en quelques mots, ce que c'est que le fromage considéré sous le rapport économique.

Sous le point de vue chimique, Rouelle et, depuis lui, Proust lui trouvent une parfaite similitude avec le gluten, ce qui est aujourd'hui démontré. Le fromage est un principe immédiat, dont les propriétés caractéristiques sont d'être, à l'état frais, d'un blanc mat devenant demi-transparent et légèrement citrin par la dessiccation. Il n'a aucune odeur tranchée, mais une saveur douce et fraîche. Quoique renfermant toujours dans ses molécules, quelque précaution que l'on prenne, une certaine quantité de sérum, ce principe ne se laisse point sensiblement attaquer par les acides végétaux, il cède seulement un peu aux acides minéraux et se dissout à l'action des solutions alcalines. C'en est assez sous le rapport chimique, revenons au fromage comme objet d'économie domestique, et comme branche importante de commerce.

Je ne répéterai point avec Olivier de Serres (1) que

(1) *Théâtre d'agriculture*, iv lieu, chap. 8.

pour fabriquer un fromage excellent, il faut le composer avec du lait de vache, du lait de chèvre et du lait de brebis, unis ensemble, « chacun de ces différens laits lui communiquant ses bonnes qualités, » ajoute un vieil auteur qui s'appuie d'un ancien proverbe : *beurre de vache, caillé de chèvre, fromage de brebis.* Je dirai qu'on l'obtient non seulement du lait de ces trois animaux, mais encore de la bufflesse, de la chamelle et même de la jument. Celui qui réclame et possède réellement la primauté, c'est le lait de vache ; c'est le lait le plus riche, le plus agréable au goût, et le plus abondant ; viennent ensuite ceux de brebis et de chèvre, quoiqu'en disent les auteurs qui les placent en tête.

Ce fromage a plus ou moins de consistance, suivant la méthode suivie pour le faire et le tems qu'on lui donne pour acquérir toutes ses qualités. Il en est que l'on obtient en très peu d'heures, comme les fromages à la pie, les fromages à la crème, le caillé de brebis, etc.; tandis qu'il en est d'autres auxquels il faut un espace de tems plus ou moins prolongé, comme les fromages de Gruyères, de Lodi (1), de Roquefort, etc. Ceux-ci se colorent en jaune orangé, comme le fromage de Chester, ou bien en vert, comme celui du Texel ; les autres s'aromatisent avec les feuilles du laurier-amandier, *prunus lauro cerasus*, (ce qui n'est pas toujours

(1) On lui donne vulgairement le nom de *Parmesan*, et bien à tort, puisqu'il se fabrique tout dans les *marchíte* du Lodésan.

sans danger, une dose trop forte pouvant devenir un poison); avec les graines aromatiques du fenouil, *anethum fœniculum;* avec le thym, *thymus vulgaris,* réduit en poudre, etc., comme les fromages persillé, schabzieguer, etc. Il en est encore que l'on sale avec excès, quelques-uns que l'on sale fort peu, d'autres que l'on ne sale point du tout. Enfin, il y en a de cuits, de non cuits; certains, comme le Stilton en Angleterre, tiennent le milieu entre eux; d'autres exigent que l'on ajoute du plus excellent beurre frais, avec le mélange de la crème et du lait caillé.

Malgré ces différences, on peut, règle générale, réduire les diverses sortes de fromages sous trois catégories : 1° selon que le lait de la traite du matin est additionné avec la crème du lait de la veille au soir ; 2° que le lait est employé tel que le fournit la traite actuelle ; 3° ou que le lait est écrémé. A ces trois catégories on peut joindre trois autres distinctions, savoir : la première, quand le fromage est fait avec du lait doux ou bien avec du lait aigri; la seconde, pour le fromage pressé et celui qui ne l'est point ; et la troisième, lorsque le lait est artificiellement ramené à sa température naturelle (trente-deux degrés et demi centigrades), ou bien lorsqu'il est employé totalement rafraîchi.

Ainsi que l'on voit, le mode de fabrication, plus ou moins bien entendu, varie à l'infini, autant que le lait dans les proportions de ses composés; autant et plus que les circonstances atmosphériques qui agissent sur les fromages pendant toute la durée de leur manipulation ; c'est à cette variation qu'il faut rapporter la différence très sensible que l'on trouve entre les diverses sortes de fromages, lors même qu'ils sont faits sous une climature semblable, au sein des mêmes pâturages, avec les mêmes races d'animaux, je dirai plus, avec les mêmes procédés. Il est des règles qu'on ne viole pas impunément ; ainsi, par exemple : fait-on chauffer le lait pour obtenir plus vite le caillé, il faut prendre bien garde qu'il dépasse 37 degrés centigrades, car le caillement aurait lieu trop brusquement, et le fromage en deviendrait dur ; il serait tenace, cassant, et ressemblerait à du cuir, si on le pressait tout d'un coup et avec excès ; ne le presse-t-on pas assez, il convient de le consommer frais, sans quoi la fermentation putride arrive, et tout est perdu. Le fromage est-il préparé avec du lait qui s'est caillé trop lentement, il n'atteint point le degré de maturité convenable pour la vente. L'expose-t-on à l'air libre, seulement quelques heures, il devient jaunâtre et comme onctueux ; à demi desséché, il a une saveur particulière qui repousse et le rapproche du suif ; desséché lentement, à une chaleur modérée, il se montre solide, comme corné, sa cassure se divise en morceaux garnis de vives arêtes, et souvent remplie de cellules qui se sont développées durant l'exsiccation. Quand il est de bonne qualité, il se fond et file à un feu doux, tandis que mauvais , il se sèche, se racornit et finit par tomber en poussière.

Quelle que soit la manipulation du fromage , elle demande , comme tout ce qui se fait à la laiterie , la plus grande propreté ; dans le lieu de fabrique , de même qu'en celui où l'on dépose les fromages faits, il est nécessaire qu'il règne une température toujours égale , et l'on ne doit y permettre l'entrée à aucune substance fermentescible : les acides carbonique et acétique feraient tout tourner. Entrons dans les détails indispensables ; nous n'avons qu'à nous arrêter principalement aux procédés les plus tranchés et les plus utiles. Et d'abord parlons de la présure.

DE LA PRÉSURE. — Pour déterminer le caillement , on faisait autrefois usage du galliet, vulgairement dit caille-lait , *galium verum ;* mais l'action peu efficace de cette rubiacée , soit qu'on la prît au début de sa végétation , en pleine fleur ou prête à grainer , opère si lentement une coagulation qui demeure toujours incomplète, qu'on a dû l'abandonner. Depuis, on a eu recours aux acides minéraux, surtout à l'acide muriatique , au vinaigre, au tannin, au suc laiteux du figuier, à la graine du chardon bénit, *calcitrapa benedicta,* aux œufs du brochet, au petit lait fermenté ou aigri, à la racine d'ortie , aux fruits aigres , à l'écorce astringente du chêne, du saule , de l'aune, etc. Tous ces ingrédiens sont loin de fournir les effets réguliers, prompts et certains de la présure. Formée dans le dernier des quatre estomacs ou caillette du veau, de l'agneau, du chevreau qui tête encore, c'est là que le lait se caillebotte en masse, ou bien en flocons granuleux ; on enlève en avril ou mai, le lait que cette poche contient, et le poil que l'animal a pu avaler en léchant sa mère, on la lave à l'eau fraîche, on la sale avec du sel bien pulvérisé, puis on l'essore dans un linge. On reprend alors la poche dite caillette, on la lave très proprement en dehors, tandis qu'on la ratisse tout simplement en dedans, on la retourne et on y met la présure broyée exactement avec le sel, et on les fait sécher à l'air, ou bien dans la cheminée où l'on tient le feu allumé. Si l'opération a été bien exécutée, plus on gardera long-tems la présure, plus elle deviendra acide et meilleure elle sera. Veut-on s'en servir, on en prend une quantité proportionnée à celle du lait (deux litres pour trente kilogrammes de lait) : c'est ici que l'expérience seule est un guide fidèle à consulter. Ce qu'elle indique, en général, c'est de mettre davantage de présure dans le lait écrémé que dans le lait pur et encore chaud de la traite. On délaie la présure dans de l'eau ou du laid froid, et on l'ajoute au lait qu'on veut cailler, en les remuant très exactement en tous sens. On couvre avec un linge, puis on met le vase qui contient ce mélange dans un autre vase rempli d'eau bouillante, et on l'environne de cendres chaudes. Lorsque la présure est bonne, le lait se caille en un quart d'heure, ou une demi-heure tout au plus. Dès qu'il a acquis une certaine consistance, et que le petit lait commence à paraître sur les bords, il est suffisamment pris pour le manger, ou pour en faire du fromage. Mais, si l'on se propose seulement de séparer le petit-lait ou sérum du caillé, il faut le laisser environ deux heures dans le bain-marie, dont on a soin d'entretenir la chaleur. Durant ce tems, le caillé se concentre, rejette peu à peu la partie séreuse qu'il renferme, et l'on achève d'en extraire très facilement et très promptement tout le petit-lait, en le mettant à égoutter, comme nous le dirons plus bas.

D'autres préparent la présure de la manière suivante :

Après avoir lavé le lait caillé enfermé dans le quatrième estomac du veau, et l'avoir parfaitement blanchi, fait sécher, broyé soigneusement avec du sel, et renfermé dans ladite poche nettoyée avec la plus grande attention, on les tient en des vases clos au moins une année, et quand on doit s'en servir, on broie de nouveau ; l'on additionne trois jaunes d'œufs frais, et sur le tout on répand un petit verre de bonne crème. On brasse, et pour rendre la présure plus énergique, l'on ajoute encore un peu d'épices, de noix, de fleur de muscade, ce que l'on nomme d'ordinaire un clou de gérofle (1) et un peu de safran en poudre. On enferme

(1) Ce sont les diverses parties de la fleur du géroflier, *caryophyllus aromaticus*, avant leur entier développement. La petite tête de

de nouveau le tout dans la poche dite caillette, et on suspend en un lieu propre. On fait alors une forte saumure d'eau de sel, que l'on met à bouillir, puis à reposer, et l'on verse dessus 25 décagrammes de présure tirée de la caillette. Quelques personnes ajoutent quatre ou cinq feuilles de noyer ; d'autres, des corolles de primevère, des feuilles de rose, ou du limon coupé par tranches pour donner à la présure un goût agréable. On laisse infuser durant quinze jours.

Voici un troisième procédé. Faites cuire cinq ou six œufs dans l'eau jusqu'à ce qu'ils soient durs, hachez-les menu, jaune et blanc, mêlez avec le caillé ; remettez dans la caillette demeurée trois jours sous le sel, et suspendez à la fumée, pendant trois semaines, et ensuite à l'air libre. Quand vous voulez vous servir de cette composition, coupez-en un morceau, que vous délayerez dans un peu de lait, et versez ensuite sur la terrine le lait que vous avez à faire cailler. Ou bien, prenez quatre estomacs de veaux, ôtez-en le caillé, qu'après l'avoir lavé, vous pétrissez avec une poignée de farine d'orge, une égale quantité de pain frais et de sel, râclez les caillettes, et joignez ce que vous en enlevez au mélange ; mettez le tout en un vase de terre cuite, dessus et au fond duquel vous répandez une couche de sel, et conservez en un lieu frais.

ces prétendus clous est très caduque : elle tombe volontiers lors de la cueillette et surtout par les secousses durant le transport.

Voici une dernière méthode : après avoir bien lavé et salé le caillé, on le rétablit dans l'estomac que l'on frotte dedans et dehors d'une couche de sel, et on le met durant trois ou quatre jours en un vase que l'on tient hermétiquement clos. Au bout de ce tems, il s'est formé une saumure, de laquelle on retire la caillette pour la faire sécher, puis la saler de nouveau, et l'enfermer en un autre vase couvert avec un papier piqué par une forte épingle. On laisse reposer un an avant de s'en servir : elle acquiert ainsi plus de puissance ; cependant, en cas de besoin, on peut en faire usage après la seconde salaison, mais il ne faut pas trop compter sur sa force. Doit-on employer la présure perfectionnée, on prépare une infusion de feuilles d'églantier musqué, *rosa eglanteria*, de rose sauvage, *rosa canina*, et de ronce, *rubus fruticosus*, avec du sel (sur une poignée de chacune des feuilles, trois et quatre de sel) dans cinq litres d'eau, que l'on fait bouillir environ un quart d'heure ; on tire au clair, et quand cette liqueur est parfaitement refroidie, on y plonge la caillette préparée comme nous l'avons dit, et l'on jette dessus un gros limon coupé, plus trois décagrammes de clous de gérofle.

L'importance de la présure m'a fait entrer dans ces détails, empruntés à la France, à l'Allemagne, à l'Angleterre. Chacun choisira le procédé qui lui sourira davantage, ou corrigera ce que sa méthode peut avoir de vicieux ou de moins assuré ; seulement, je dirai qu'il faut la faire moins forte lorsqu'on fabrique le fromage en été, car autrement la fermentation aurait lieu trop vite, et, quelque précaution que l'on prît, rien ne s'opposerait désormais à la putréfaction. Il ne faut point se le dissimuler, de la bonne préparation de la présure dépend en grande partie le succès de toutes les opérations de la fromagerie; on a donc le plus grand tort de la traiter avec indifférence. On ne saurait trop attentivement examiner la caillette quand on l'achète au boucher; si elle présente des parties tachées ou d'autres décolorées, on fera très bien de la rejeter, elle est mauvaise.

On se sert encore d'une infusion de présure : c'est une eau bouillante dans laquelle on plonge simplement la caillette, durant quatre et cinq minutes. On la dit très efficace.

En été, l'on peut mettre la présure dans le lait aussitôt qu'il sort du pis de la vache, quand on ne veut le manger caillé que quatre ou cinq heures après, parce qu'il lui faut ce tems pour prendre naturellement, dans une laiterie grande ou petite. En hiver, on ne pourrait jamais réussir à le faire cailler, si l'on y mettait la présure avant de le laisser reposer et refroidir, pour le plonger ensuite dans l'eau chaude. Cette remarque est importante pour quiconque est jaloux de ne pas être trompé dans son attente. Il est encore une autre remarque qui doit trouver place ici.

Une présure trop forte imprime au caillé un caractère de sécheresse nuisible ; si elle exhale une odeur très pénétrante, elle produit un très mauvais effet ; mise avec excès, elle donne des grumeaux désunis, sans consistance, ne retenant pas assez de crème , et prive le fromage de ce moëlleux qui le rend si cher aux estomacs délicats. Si la dose est trop faible , le petit-lait demeure inhérent au caillé, qui ne s'en dépouille plus et renferme en lui des germes le poussant incessamment à la putréfaction. Il ne faut point se le dissimuler, de la présure dépendent les qualités du fromage. C'est d'elle que proviennent en majeure partie les variations qu'on remarque dans les fromages ; certes il y a des différences dans la présure selon que la caillette a plus ou moins séjourné dans l'éstomac, selon qu'elle est plus ou moins exactement mêlée avec les sucs gastriques , selon son plus ou moins de volume , selon enfin la qualité et la quantité de sel qu'on lui donne. Toutes ces circonstances prouvent que·, si la présure est le plus souvent un réactif infidèle , cela provient uniquement du manque d'attention qu'on lui donne.

MANIPULATION DU FROMAGE. — Une fois pris, ce qui a lieu d'ordinaire une demi-heure ou trois quarts d'heure après la mixtion de la présure avec le lait , on rompt le caillé en différens sens avec un couteau d'ivoire ; le petit-lait s'échappe par ces ouvertures ; puis le caillé s'affaissant sur lui même, on renouvelle les incisions

que l'on fait et plus profondes et plus nombreuses, jusqu'à ce que la masse, rompue en très petits morceaux à
peu près égaux, se dépouille le plus possible de ce
qu'elle enserre encore de petit-lait. On sale et l'on met
dans l'éclisse, que le fromage déborde de 27 à 30 millimètres ; on le couvre d'un linge fin, ou, ce qui vaut
mieux, avec un treillis à mailles rapprochées, afin de le
préserver de l'approche des mouches et autres insectes
que l'odeur d'acide qu'il exhale attire incessamment ;
là, il perd encore une portion de petit-lait. Si, dans ce
moment, celui-ci se montre d'une couleur verdâtre, on
est assuré que la coagulation est régulière et parfaite.
Jusqu'ici tout s'est passé dans un lieu frais, sans être
humide, où par conséquent, une température élevée
ou brusquement changeante ne vient point troubler la
marche lente de la fermentation qui s'opère à l'intérieur de la masse. On porte sous la presse, où le fromage doit demeurer deux bonnes heures, également
serré sur toutes ses faces ; après quoi on l'échaude,
c'est-à-dire, on le plonge dans un vase rempli de petit-
lait chaud, afin qu'il s'y forme une croûte et qu'il se
durcisse, lorsque le fromage est destiné à devenir objet
de commerce ou provision de mer. Autrement, s'il doit
être consommé dans le pays, on le porte au séchoir au
sortir de la presse, pour y être tenu chaudement, pour
y suer, selon l'expression technique, devenir sec et
ferme sur tous les points.

Le séchage exige beaucoup de soins, il ne doit se faire ni trop vite ni trop lentement. Dans le premier cas, le fromage se gerce; dans le second, il se moisit : il est donc un juste milieu à garder, c'est l'habitude qui nous y façonne. C'est pour cela que, en certaines localités, on enveloppe le fromage de feuilles de serpentaire, *arum dracunculus*, de joncs rapprochés les uns des autres, de feuilles lisses et peu poreuses.

SALAISON. — L'habitude aussi prescrit à l'œil et à la main la quantité de sel qu'il faut donner à chaque sorte de fromage; son application seule a des règles fixes; il convient de la faire sur chacune des faces, un jour sur l'une, le lendemain sur l'autre, de manière à ce que tous les deux jours elles reçoivent la même quantité de sel. Le rôle que cette substance joue dans l'opération, c'est d'agir plutôt comme modérateur de la fermentation que comme condiment; il s'empare de l'humidité, véhicule favorable et toujours nécessaire à la réaction des corps organiques; il n'en laisse pénétrer à l'intérieur que la très petite quantité propre à favoriser le travail d'une assimilation lente et régulière de toutes les parties constituantes, tandis qu'il dessèche la partie extérieure et l'abrite contre tout ferment étranger. En salant trop tard, on s'expose à n'avoir que des fromages maigres ne se conservant pas.

AFFINAGE. — C'est cette fermentation lente dont je viens de parler. On la détermine en tenant le fromage au frais, sous une atmosphère ne s'élevant pas au-dessus de cinq degrés centigrades, en le retournant souvent, on le frottant de sel et d'huile, en l'enveloppant de linges imbibés de vinaigre ou bien de plantes aromatiques. De la sorte, le fromage acquiert la saveur piquante, le signe de sa bonté, l'étiquette la plus attrayante pour l'amateur.

USAGES. — L'usage du fromage se perd dans la nuit des tems ; c'est une branche d'industrie économique qui paraît n'avoir été inconnue à aucun peuple. Les Celtes, et après eux les Gaulois, en faisaient la base de leur nourriture habituelle (1) ; ils en expédiaient même chaque année des quantités notables à Rome, où, nous apprennent Varron (2) et Pline (3), ils jouissaient de l'estime la plus haute ; ils y prenaient le premier rang parmi les meilleurs de la péninsule italique. Au seizième siècle Bruyerin de Champier (4), rendant compte des alimens en usage dans chaque partie de la France, disait que le fromage était la principale nourriture des Auvergnats, comme le laitage celle des Artésiens et des habitans du Hainault, comme le beurre celle des Normands. Depuis, le fromage a gagné partout ; on le trouve sur toutes les

(1) *Cæsar. De bello gallico*, lib. vi ; Tacit. *Mœurs des Germains*, xxiii.
(1) Varronis *De re rusticâ*, lib. ii, cap. iv.
(3) *Historia naturalis*, lib. xi, cap. 97.
(4) *De re cibariâ*, lib. xiii.

tables, aussi bien sur celle du riche dont il aiguise l'appétit endormi, que sur celle du pauvre il où remplace la viande durant toute la semaine.

FROMAGES FRANÇAIS LES PLUS ACCRÉDITÉS. — Chaque canton, disons mieux, chaque village et même chaque famille a ses fromages particuliers; il nous serait donc impossible d'en donner ici la nomenclature complette; d'ailleurs, elle nous entraînerait dans des redites fatigantes, et elle laisserait toujours à désirer, lors même que l'attention qu'on lui donnerait serait portée jusqu'au scrupule. Il est avéré que les procédés généraux étaient et sont encore à peu près identiques partout, les manipulations seules variaient autrefois comme elles varient de nos jours, suivant les localités, le caprice ou l'habileté du fabricateur, je devrais dire des femmes aux mains desquelles ce travail était généralement confié, si l'on excepte cependant les habitans de l'ancienne Auvergne, qui voulaient que leurs fromages fussent faits uniquement par des enfans de quatorze ans au plus, de l'un ou l'autre sexe, qui se lavaient exactement avant de les entreprendre (1) et étaient reconnus bien sains.

D'un autre côté, tel canton jouit en ce moment d'un haut crédit, qui demain peut le perdre fortuitement, moins par ignorance que par un entêtement mal placé,

____

(1) Charles Estienne et Jean Liébault, *Agriculture et Maison rustique*, p. 65 de l'édition in-4. Rouen, 1698.

un fâcheux engoûment, ou par le défaut d'une bonne instruction ; quand l'erreur ou la prévention prennent la place de la vérité, le mal s'encroûte aisément, il envahit tout et pourrit la cervelle, selon le mot de Bernard Palissy ; mais leur règne n'a qu'un tems, le bien reprend alors son droit. En effet, cette perte du crédit dure plus ou moins, elle cesse tout-à-coup et la bonne réputation renaît peu à peu. Donnons quelques preuves.

« Nous avons connaissance qu'une ferme, dont un des principaux revenus consiste en beurre, étant conduite anciennement par des personnes intelligentes, donnait du beurre qui était vendu sur le pied du meilleur du pays de Bray ; cette ferme ayant passé à un fermier peu intelligent sur cet article, dont la femme était imbue des préjugés qu'elle avait puisés au pays de Caux, et qu'elle suivit obstinément pendant les neuf années de son bail ; le beurre qui en était provenu durant ce tems, avait constamment été vendu, sur le pied du très mauvais, à un tiers moins que celui de ses voisins, sans que les remontrances du propriétaire de la ferme et cette non-valeur aient pu la déterminer à changer sa méthode. Depuis huit années, c'est-à-dire depuis 1754, la même ferme a passé à un nouveau fermier, intelligent et laborieux, qui a suivi le bon usage, et le beurre de sa façon a sur-le-champ repris son rang entre les bons beurres du pays, et est vendu sur le pied du meilleur dans les marchés de Gournay ». Ce que Jore disait, en 1762, du beurre de cette ferme, on peut le dire du fromage; témoin le fait suivant :

Les gruyeries répandues dans tous les environs de la petite ville de Saint-Claude, département du Jura, jouissaient depuis longues années d'une si bonne réputation, que chaque année des milliers de montagnards quittaient leurs chaumières pour, avec leur chariot attelé d'un seul cheval, sillonner toutes les routes de la France, porter leurs fromages dans les villes et jusque dans nos ports, où il s'en faisait un débit certain, et contens, ils revenaient, en avril, dans leurs foyers, jouir de la paix du coin du feu ; deux ou trois mois après leur retour, on les voyait, armés d'une faulx, couper l'herbe succulente des rives de la Saône ; puis charger de nouveau leurs chariots et recommencer leurs voyages. En 1698, l'intendant d'Harrouis, dans son *Mémoire* manuscrit *sur la Franche-Comté*, parle du commerce considérable qui avait lieu alors avec l'Allemagne et l'Italie. Ce succès durait encore en 1750 (1), lorsque tout-à-coup le fisc défend l'usage du sel de Salins, et impose aux gruyeries l'obligation de se servir uniquement de celui tiré de

(1) C'est ce que je relève d'une Statistique manuscrite de la France, que je possède ; elle a été dressée, de 1744 à 1750, sur la demande du contrôleur-général des finances (Orry), et rédigée sous le titre de : *Mémoire sur la situation actuelle des provinces de France, par rapport au commerce, à l'industrie des villes, aux manufactures, au dénombrement des peuples, etc.* 7 tomes en un vol. in-folio.

la saline nouvellement réouverte à Montmorot. De ce moment les fromages perdent toutes leurs qualités ; non seulement ils ne se conservent plus, ils sont décidément nuisibles , mais encore la terre est redevenue stérile, les maisons éparses s'isolent de plus en plus , enfin , on ne veut plus rien des gruyeries de Saint-Claude et de Sept-Moncel. A ce fléau s'en joint un autre: la mortalité étend son fatal réseau sur les hommes et sur les animaux ; les gruyeries naguères si vivantes, sont absolument désertes, le mal est à son comble. Six éternelles années s'écoulent dans les larmes et la misère. Ce ne fut qu'en 1760 que Rossigneux , de Dole, constata la mauvaise qualité du sel de Montmorot , qui déjà l'avait fait abandonner trois siècles auparavant ; en effet , à de rares cristaux de sel gemme se trouvent mêlés des prismes transparens de sulfate de soude et de nombreuses aiguilles de gypse, dont les fragmens offrent assez bien la forme des fers de lance. Cette déplorable union déchirait l'estomac de ceux qui faisaient usage de ce sel ; elle empêchait l'assimilation des élémens constitutifs du fromage. L'ordre barbare fut enfin révoqué, l'on revint au sel de Salins ; les gruyeries se relevèrent à l'envi, et avec leur réapparition renaquit leur vieille et respectable réputation.

Un pas en arrière. Aux premières années de l'ère vulgaire, on vantait les fromages de Nîmes, de Toulouse, et ceux des montagnes de la Lozère. Aux douzième et treizième siècles nos fabliers citent des fromages qui, de

nos jours, se consomment inconnus dans leurs localités.
Au quatorzième siècle, le célèbre poète Eustache Morel,
dit Deschamps ; au seizième, Platine (1), Barthélemy
Chassenez (2), Charles Estienne (3), Bruyerin de Champier (4), et l'illustre Olivier de Serres (5) en nomment
avec éloges qui sont non moins tombés dans l'oubli. Dans
la liste de ceux en vogue au commencement du dix-sep-
tième siècle, publiée par l'abbé de Marolles (6), un grand
nombre est plus qu'oublié maintenant. Il est cependant
certaines espèces dont la réputation date de plusieurs
siècles, tels sont les fromages de Roquefort, de Brie, de
Sassenage, de Neufchâtel, etc. D'autres datent d'une
époque plus récente, tels sont le Gérardmer des Vosges,
dont le vulgaire a travesti le nom en celui de *Giraumé*,
le Livarot, le Mont-d'Or, le Stofé, le fromageon de
Montpellier, etc. On connaît trop peu le fromage que
fabriquent les anabaptistes du canton de Salm, département des Vosges. On a perdu souvenance des jonchées
de Paris (7), des fromages si jolis et si frais de Vincen-

(1) *Epigrammaton ;* Mediolani, 1502. in-4.

(2) *Catalogus gloriæ mundi*, xi pars, cap. 37.

(3) *De nutrimentis*, lib. 1, p. 42. Editio in-12. Parisis, 1550.

(4) *De re cibaria*, lib xiv, cap. 8.

(5) *Théâtre d'Agriculture*, iv lieu, chap. 8, pag 529.

(6) Voyez la deuxième partie de sa traduction des *Epigrammes de Martial*, édition in-8. Paris, 1535.

(7) Ainsi nommées de ce que ces petits fromages, faits sans présure, se vendaient dans des paniers de jonc artistement tressés.

nes, de Montreuil, de Clamart sous Meudon, de Vanvres, de Chaillot, etc., et même de ceux de Champagne, chantés par Guillaume de la Villeneuve (1) et par lui placés sur la même ligne que le fromage de Brie.

§ I. FROMAGES DE LAIT DE VACHE. — D'après ces considérations, passons à la liste alphabétique des principaux fromages de lait de vache, actuellement accrédités, en donnant sur chacun d'eux quelques notes utiles, et faisons précéder d'un astérisque ceux qui se préparent sans présure. Nous nommerons ensuite ceux de brebis et de chèvres, enfin ceux préparés avec le lait réuni de ces trois ruminans.

FROMAGE A LA CRÈME. — Pour le faire, on emploie le lait tel qu'il sort du pis de la vache, ou du moins en n'enlevant qu'une faible portion de crème ; on le met à tiédir, sans quoi le fromage serait coriace et se cotonnerait ; on le soumet à une légère présure, et l'on rompt doucement le caillé obtenu, toujours dans une même direction. On laisse ensuite égoutter le petit-lait, on prend les grumeaux que l'on roule sur un linge pour en exprimer toute la sérosité, puis on place dans l'éclisse, qu'on charge d'un poids afin que la masse s'affaisse et se façonne. On retire le lendemain, on divise le gâteau par tranches de vingt-sept millimètres d'épaisseur, que l'on sale légèrement et qu'on dépose sur des planches où l'on a soin de les

(8) *Crieries de Paris* à la fin du XIIIe siècle, vers 40.

retourner deux fois le jour ; enfin on porte au séchoir, et au bout de huit à quinze jours, le fromage est à point.

Cette substance est alimentaire , mais comme elle contient , outre la matière butireuse, un peu de caséum et de sérum dans un état de combinaison et avec un développement très manifeste d'acide , il est des estomacs qui la supportent mal. La crème de Blois , de Sotteville , des environs de Paris , etc., ayant subi une cuisson modérée du lait, sont d'une digestion facile pour les jeunes gens comme pour les vieillards.

FROMAGE A LA PIE. — Je n'ai point trouvé l'étymologie vraie de ce nom , ce que je sais seulement c'est que, pour faire le fromage à la pie , on écrème le lait ; puis, ainsi dépouillé, on le laisse se reposer et se coaguler, ce que l'on facilite en y introduisant une petite quantité de présure. Ce fromage, que les fermières de la Beauce destinent particulièrement aux domestiques et aux ouvriers, et dont elles vendent aussi des quantités notables à Paris , est facile à digérer lorsqu'il est récent et qu'il contient une assez bonne dose de sérum acide ; mais est-il privé de cet assaisonnement , ou bien ne l'a-t-on point remplacé par l'application du sel , on le digère mal , surtout s'il s'est durci à l'air et s'il commence à se rancir.

AUGELOT et non point *Angelot* comme on le dit et on l'écrit généralement (1). — Ce fromage , originaire

______

(1) L'auteur du *Dictionnaire de la langue romane* , tome 1, page

de la vallée d'Auge, département du Calvados, dont il tirait son nom, était déjà célèbre au treizième siècle. Il est composé de crème pure et récente, sans aucun mélange de parties séreuses et caséeuses, que l'on met en présure ; aussitôt que le caillé se montre, on l'enlève avec une écumoire et on l'enferme dans une éclisse étroite, haute de seize à trente-deux centimètres, que l'on continue à charger à mesure que les premières couches de caillé s'affaissent. Ce travail dure de trois à quatre heures. On sale et on laisse reposer pendant toute la nuit ; le lendemain, on retire de l'éclisse pour saler la partie opposée, et, en le renversant, l'on replace le fromage dans l'éclisse. Huit à dix jours après, on retire de nouveau le fromage pour le mettre à sécher. Si l'on veut l'avoir plus gras, par conséquent plus agréable et d'une qualité très élevée, on ajoute une quatrième partie de crème. On le fabrique vers l'automne et il se conserve jusqu'à la fin du printems : c'est le seul reproche que lui font tous les auteurs, depuis Guillaume de Lorris qui écrivait le *Roman de la Rose* en 1230, jusques à Bruyerin de Champier qui publiait, en 1560,

---

66, dit à tort que Lorris appelait ce fromage Angelon ; la seule fois que, dans son *Roman de la Rose*, ce poète parle des fromages, c'est au vers 12189, il écrit OU DE FROUMAGES EN GLAONS, c'est-à-dire en petits paniers de glayeul, et non pas *de fromages angelons*. Les manuscrits que j'ai consultés, ainsi que les éditions du quinzième siècle, sont tous d'accord sur ce point ; il faut s'en rapporter à eux seuls, outre que la rime précédente *flaons* appelait *glaons*.

à Périgueux , son curieux traité *De re cibaria* , dans lequel il nous peint la manière de vivre et les mœurs de nos pères au milieu du seizième siècle.

Les augelots sont, sur de petites dimensions, ordinairement disposés en cœur ou bien en carrés.

Fromage de boîte. — Dans le département du Doubs, aux environs de Bonnevaux et de Pontarlier , ainsi qu'au sommet tronqué du Mont-d'Or, où d'excellens pâturages donnent un quart de plus de lait aux vaches , on fait des fromages gras ou de crème, que l'on appelle *fromages de boîte;* ils jouissent d'une bonne réputation. On les prépare de la sorte : on met à cailler le lait immédiatement au sortir du pis de la vache, sans le chauffer comme sans enlever la crème; la présure doit avoir au plus huit jours ; d'une date éloignée , elle donnerait au caséum un goût fort et désagréable. On met ensuite le caillé dans un moule élevé, cuillerée par cuillerée , et sans le brouiller ; on le laisse s'épurer de lui-même et sans le presser, seulement on facilite la sortie du petit-lait en retournant souvent l'éclisse. Après que le fromage s'est affaissé de huit à dix centimètres, on le place sur une planche bien propre, et on le sale légèrement avec du sel blanc parfaitement pulvérisé ; l'on a soin, durant quinze jours, de le tourner et retourner au moins deux fois toutes les vingt-quatre heures. A cette époque , un peu plus ou un peu moins , selon la température, le fromage se ramollit et devient comme de la crème. Cet état est celui de sa plus haute perfection; il dure trois semaines, après lesquelles il jaunit, se durcit et change ses bonnes qualités contre de mauvaises.

FROMAGE DE BRESSE. — En cette partie du département de l'Ain que l'on nomme la Bresse, il se fabrique des fromages excellens : en voici la méthode. Le lait de la traite étant coulé se met sur le feu pour y acquérir une chaleur à pouvoir à peine y tenir le bras nu ; alors on jette dedans trois décagrammes de bon fromage détrempé en un ou deux verres d'eau, additionnée d'une quantité suffisante de safran pour imprimer au caillé, et par suite au nouveau fromage, une belle couleur jaune. Le tout se mêle bien ensemble avec la mesadou ou bâton plat parfaitement net, afin que la partie la plus onctueuse gagne le fond de la chaudière et s'assimile ensuite à la masse. On retire de dessus le feu et l'on pétrit alors la pâte en la tournant et retournant jusqu'à ce qu'elle soit partout également échauffée et qu'elle ait acquis un peu de fermeté ; l'on sort de la chaudière, on met le fromage sur un linge blanc et par dessus un poids assez lourd pour le faire égoutter. On le laisse ensuite reposer durant cinq ou six heures, après quoi l'on porte à la cave sur des tablettes bien propres. Cinq jours après, on remarque à la superficie une efflorescence, c'est le moment de saupoudrer le fromage avec du sel bien égrugé et parfaitement sec. Le lendemain on le retourne, pour agir de même sur l'autre face. Trois autres jours après, on ôte le linge dans lequel on l'avait enveloppé, on nettoye le fromage et on le laisse se raffermir jusqu'au lendemain, qu'on le sale encore, mais plus que les trois premières fois. On le remet dans le même linge et on continue à saler et à retourner tous les jours. A chaque soixante-douze heures nouvellement écoulées, on enlève le linge pour gratter la croûte farineuse qui se forme incessamment. Cette opération se renouvelle ainsi pendant un bon mois, au bout duquel tems le fromage est entièrement fait.

Plus la masse est cuite, plus elle demande de sel ; lorsqu'elle en est suffisamment saturée, on la tourne et retourne jusqu'à ce qu'elle soit bien sèche ; alors on la ratisse sur les deux faces et sur les côtés avec un couteau de bois ou d'ivoire, et on la porte au dépôt où elle doit, pour se parfaire, demeurer de sept à huit mois ; il faut avoir soin, durant cet espace de tems, de la changer de place tous les quinze jours, la ratisser exactement, et tenir les planches sur lesquelles elle doit séjourner, parfaitement propres et sèches.

Fromage de Brie. — L'excellente qualité du fromage de Brie, qui se fabrique dans les départemens de l'Aisne et de Seine-et-Marne, est populaire depuis le douzième siècle, peut-être même antérieurement ; car les poètes et les fabliaux des âges précédens, en parlent malignement comme de la seule chose bonne fournie par cette ancienne petite province.

Le lait de la traite du matin , encore chaud, se passe à travers un linge , et l'on verse d'abord , dessus , la crème qu'on vient , à l'instant même , de lever sur le lait trait la veille au soir ; puis une certaine quantité d'eau chaude pour donner à la masse une chaleur douce, et l'on bat durant quelques instans avec une grande tasse. Après on jette une cuillerée de présure pour douze litres de lait , sur un linge, et on la délaie , ainsi enveloppée , dans le lait. Cette précaution a pour but d'empêcher qu'une portion seule de présure non dissoute ne se glisse à l'intérieur du caillé et ne devienne plus tard un principe de corruption pour le fromage. On couvre le tout et on laisse reposer une bonne demi-heure. Ce tems passé, l'on découvre le vase, et si le lait n'est pas encore caillé, l'on ajoute , sans perdre de tems , un peu de nouvelle présure, car il est certains laits qui en exigent plus que les autres. L'addition faite , on recouvre le vase et on l'examine de tems en tems pour s'assurer si le lait est suffisamment pris.

Dès que le caillé est formé , on le remue en tous sens dans son petit-lait , en commençant avec une grande tasse, puis avec les mains, et on le presse soigneusement jusques au fond du vase. Il est alors en état d'être levé , ce que l'on fait avec les deux mains ; on remplit l'éclisse ou *cagerotte* en pressant, et l'on met à égoutter: plus cette manœuvre est prompte , plus le fromage aura de qualités. Après plusieurs jours , lorsque le fromage est affermi et formé, on le renverse sur une *tournette* ou plateau rond d'osier blanc. On met dessus une planche faite exprès que l'on charge de pierres, pour l'obliger d'affaisser le fromage. Là, il achève de se dépouiller de son petit-lait, et pour le ressuyer de plus en plus, on exprime, au bout de quelques jours, à l'aide du pressoir, le reste d'humidité qui monte à la surface sous forme d'une mousse grasse, d'une onctuosité mollasse, farineuse, exhalant une assez mauvaise odeur ; on l'enlève avec le plus grand soin, tant sur les deux surfaces que sur les côtés. Le fromage, qui n'a point cessé d'être enveloppé d'un linge mouillé, se montre alors blanc et répand une odeur suave. On le met dans un baquet pour le saler ; afin de donner au sel le tems de fondre et de pénétrer, on laisse au repos durant toute la nuit, et le lendemain on le frotte de nouveau avec du sel parfaitement pulvérisé ; il doit demeurer dans cette saumure l'espace de trois jours. On le met à sécher sur une planche nettoyée une fois toutes les vingt-quatre heures avec un linge sec, on le retourne en même tems jusqu'à ce qu'il soit tout-à-fait sec. Il importe que la dessiccation s'opère assez vite dans les premiers jours, et plus lentement dans la suite : cet effet est produit plus tôt ou plus tard, selon que le local où l'on opère est plus ou moins chaud. Quand la couenne est formée, qu'elle se montre bleuâtre, parsemée de taches rouges, le fromage est suffisamment fait. Il faut le manger aussitôt qu'il commence à couler comme de la crème, à ce point il est exquis : un peu de plus, il touche à l'état de putréfaction. Désire-t-on le conserver jusqu'au mois de mars, c'est-à-dire six grands mois, on le place dans un tonneau défoncé, sur un lit de paille d'avoine (1), ayant dix centimètres d'épaisseur; on charge ce fromage d'un autre lit de semblables menues pailles, de même épaisseur, et l'on met dessus un second fromage, agissant toujours de même jusqu'à ce que le tonneau soit plein. Quelques personnes, pour empêcher que ces menues pailles n'entrent dans les croûtes du fromage, étendent d'abord dessous et dessus des fetus de paille fine ou des clisses de jonc. Ce sont ces brins qui marquent de leur empreinte les fromages à mesure qu'ils s'affinent. Pour hâter ce moment, on place les tonneaux en des endroits un peu frais sans être humides ; les fromages y ressuent, s'attendrissent, et comme ils sont pleins de crème, ils deviennent bientôt extrêmement délicats, et justifient ainsi, sous peu de mois, cette bonne réputation qui les fait rechercher depuis au moins huit à neuf siècles (2).

Au sortir du tonneau, tout fromage qui montre le plus de disposition à couler s'enferme dans des pots de

(1) On nomme ainsi la balle de l'avoine ; elle est douce, souple, peu susceptible de prendre l'humidité, et quand elle a bien été ventée, elle ne donne point de poussière.

(2) Voyez la note insérée dans le *Journal économique*, avril 1764, et dans la *Feuille du Cultivateur*, année 1794, tome IV, p. 77 à 79.

grès, en façon de pâte crèmeuse et du plus beau blanc, pour être expédié, sous le nom de *Fromage de Meaux*, aux lieux les plus éloignés, où les autres, à raison de leur délicatesse, ne pourraient pas être transportés sans courir les risques de se fendre et de se gâter. Ceux-ci sont dits *fromages de table* ou de Nangis.

Les fromages de Brie faits en hiver sont inférieurs à ceux du mois de septembre. Ceux que l'air extérieur frappe, se durcissent et ne s'affinent point. Ceux dont on enlève la crème perdent tout mérite; ils manifestent promptement une mauvaise odeur, et prennent des vers.

Fromage de foin. — Dans la vallée de Bray, l'on donne ce nom aux fromages demi-gras. Une vache fournit par année assez de lait pour confectionner, année moyenne, trois à quatre mille petits fromages dits *bondons*, et plus de cent cinquante kilogrammes de fromage de foin.

Fromage de forme. — C'est le nom particulier des fromages fabriqués sur les montagnes du Cantal et du Puy-de-Dôme, dont nous parlerons plus bas.

Fromage de Gérardmer. — Le fromage qui porte le nom de cette industrieuse bourgade du département des Vosges, est aussi célèbre qu'est pittoresque, sauvage et rocailleuse la vallée où sont éparses les agglomérations de maisons bien distribuées que l'on appelle Gérardmer, situées autour d'un lac assez grand, ovale, profond, poissonneux et bordé d'âpres collines toutes

couvertes d'arbres. Ce fromage diffère de celui provenant de Gruyère en Suisse ; il n'est point cuit, les pains
ou formes n'excèdent pas quatre et six kilogrammes ;
l'on y mêle par fois du cumin, *cuminum cyminum*, et
il n'offre pas d'aussi grands yeux. Il passe plus vite, et
est sujet à présenter des veines de moisissure, pour peu
qu'il y ait des fentes à son intérieur.

On passe le lait dans un couloir d'une forme toute
particulière, fait en toile très serrée et que l'on garnit
de lycopode (voyez fig. 8); il est placé sur deux sortes
de supports. On fait ensuite chauffer un peu la liqueur,
si la température n'est pas au degré convenable, et l'on
y met la présure (deux ou trois gouttes par chaque litre
de lait). Lorsque le caillé est bien formé et reposé, on
le coupe avec un grand couteau de bois, pour en faire
sortir le petit lait ; puis on le ramasse dans un linge
pour égoutter encore, et on le met dans un moule. Ce
moule est un cylindre creux et un peu renflé à l'extrémité inférieure ; le fond est percé de cinq petits trous,
un à la pointe du renflement ou cône, et les quatre autres dans une rigole où sa base vient aboutir. Une pareille disposition est très favorable à l'entier écoulement
du petit-lait. Là, le fromage est pressé, et quand, après
plusieurs jours, il a pris assez de consistance, on le retire pour le mettre à sécher. Une fois sec on le sale ; à
cet effet, on le roule d'abord par le côté sur un lit de
sel fin, puis il doit sécher ; deux ou trois jours après,

on jette du sel sur la partie supérieure, et après quarante-huit heures on en répand sur la postérieure. Le travail de l'homme se trouve ici terminé, maintenant c'est celui du fromage lui-même qui commence. On le transporte dans des caves, où il restera au moins deux mois pour s'affiner, à la faveur de la température uniforme de ces souterrains. Pour cela l'on a deux méthodes ; les uns laissent simplement le fromage se faire à l'air libre, alors il se couvre d'une croûte épaisse ; les autres, au contraire, l'enferment dans des boîtes de sapin, pour qu'il conserve plus d'humidité, qu'il s'affine mieux, plus également et plus promptement ; il y gagne aussi plus de force et plus d'odeur.

Ce n'est pas seulement à Gérardmer que l'on fabrique ce fromage, je l'ai vu faire dans les villages voisins et jusque dans le canton de Senones. A mon goût le meilleur vient de l'intéressant village de La Bresse.

FROMAGE DE LA FERTÉ-BERNARD —Au pays Fertois, département de la Sarthe, coupé de jolis taillis et de haies vives, où le chêne domine, le lait de vache est employé à faire trois sortes de fromages, le *fromage à la crème,* renommé dans tout le canton, et dont on fait de nombreux envois à Paris ; le *fromage maigre*, qui se consomme sur les lieux, et le *fromage à fondre*, dont nous allons nous occuper particulièrement. Ce fromage est ainsi nommé, parce qu'il fond très facilement quand il est de bonne qualité, et qu'on en obtient une sorte de bouillie crèmeuse, un mets très friand.

On met le lait à cailler, au moyen de la présure, sans le dépouiller de sa crème, et sous l'influence d'une douce chaleur; on le verse ensuite en des pots de terre percés de petits trous, nommés *facelles*, pour égoutter le petit-lait et forcer le caillé à se masser. Durant les cinq à six jours que le fromage met à s'affaisser, on le retourne de tems à autre, pour faciliter de plus en plus l'écoulement du petit-lait, et sitôt que celui-ci paraît épuisé, l'on sale le fromage et on le met à sécher dans des clayons de jonc ou d'osier, ou bien en des espèces de cages à barreaux plats, suspendues au plancher. Après quinze à vingt jours, on le place sur de la paille neuve, dans des caisses ou coffres appelés *huches*; on l'humecte d'eau salée deux fois par semaine, jusqu'à ce qu'il soit totalement, ou du moins en grande partie, passé, c'est-à-dire que le blanc de la pâte soit jaunâtre et recouvert d'une pellicule rougeâtre et lisse.

Cette espèce de fromage a environ soixante millimètres d'épaisseur sur quatorze à seize centimètres de diamètre; à la première vue, il ressemble au fromage de Livarot, mais il lui est de beaucoup supérieur pour la délicatesse. Sa fabrication est limitée à la petite ville et au canton de La Ferté-Bernard; il est cher. On commence à le préparer vers le milieu de l'automne; si le froid l'affecte pendant le travail du lait, il est mou, il coule aisémeut ; ne peut se garder et se nomme *froidureau*. Celui qui a réussi ne se mange qu'en mars et en été.

* FROMAGE DE LA GUYOLLE.—Les montagnes de la Guyolle sont situées dans le département de l'Aveyron; on y élève beaucoup de vaches, et de leur lait on fabrique, sous le nom de *formes*, des fromages qui, lorsqu'ils sont récens, rappèlent les meilleurs fromages de la Hollande; il ne leur manque que de les égaler dans la durée, et la possibilité de les transporter au loin. On en fabrique pour la somme de trois cent mille francs par année; cette industrie mérite donc que l'on s'occupe sérieusement de l'améliorer : pour cela, Desmarest et Boyssou estimaient qu'on doit exprimer plus complètement la sérosité du caillé, donner moins de volume aux formes, les comprimer davantage, et les laisser moins fermenter. Il faut éviter de les saler à mesure qu'on les pétrit et qu'on les entasse dans les moules, mais les tremper en une saumure régulièrement faite, qui en pénétrera également toute la masse. Une autre attention qu'il est nécessaire d'avoir, c'est de retourner les fromages souvent, non-seulement sous la presse, mais encore dans la cave; et, lorsqu'ils sont faits, de les préserver du contact de l'air, en les enfermant en des barils ou des caisses, enduits extérieurement d'un mastic.

FROMAGE DE LIVAROT. — J'en parlerai en traitant des fromages façon de Hollande. Le plus estimé est celui dont le petit-lait a été séparé spontanément, et qui garde le plus de mollesse.

* FROMAGE DE MAROELES. — Près de Landrecies, département du Nord, ainsi que dans les cantons de Nouvion, de La Chapelle et de Vassigny, département de l'Aisne, on fabrique, sous le nom de Maroëles, de Maroilles ou de Marolle, des fromages fort recherchés par le commerce, qui les transporte dans les Ardennes, dans les contrées que la Marne arrose, à Paris et dans diverses autres villes de France. On attribue leurs qualités moins à la manutention qu'à la nature de l'herbe que les vaches paissent dans des enclos à elles spécialement réservés. Ces enclos sont couverts de pommiers et amendés comme les terres en pleine culture. Vers le mois de mars, ou plutôt lorsque l'herbe commence à poindre, on y répand des engrais, composés ordinairement de fumier de grosses bêtes à cornes, de cendres noires (1), et surtout de cendres plus ou moins blanches, dites *cendres de mer* (2).

Les fromages de Maroëles étaient déjà de vogue au seizième siècle. Les meilleurs se tirent de Maroilles, département du Nord, de Le Nouvion, Fontenelle, Pa-

____

(1) Terres pyriteuses affinées et réduites en cendres, que l'on tire des mines de charbon de terre, à Beaurain près Noyon, département de l'Oise, et des villages de Cessières près de Laon, de Hinacourt, Jussy et Remigny, département de l'Aisne.

(1) Cendres de warecs ; on les tire des entrepôts de Valenciennes et de Saint-Amaud, département du Nord.

*

pleux, La Flameugrie, Rocquigny, Barzy, Fesmy et le Sart, communes du département de l'Aisne. On laisse au lait toute sa crème ; le caillé bien séché se sale et s'enferme dans des moules, pour en être retiré trois jours après, être porté à la cave où il reçoit une nouvelle couche de sel. Si le fromage est trop sec, on l'enveloppe d'un linge mouillé durant quelques heures ; s'il est trop humide, on élève la température de la cave en y faisant du feu. Six semaines suffisent pour que ce fromage prenne une belle couleur citrine et toutes ses autres qualités.

FROMAGE DEMI-GRAS. Ce nom désigne les fromages faits avec du lait moitié pur et moitié écrémé. V. *Vachelin*.

* FROMAGE DE NEUFCHATEL.—Les environs de la jolie petite ville de Neufchâtel, département de la Seine-Inférieure sont célèbres, depuis près de trois siècles, pour les excellens fromages qu'ils fabriquent. Les plus estimés proviennent de Bures, de Mainières, de Bully, de Beaussault, de Hodeng, de Esclavelles, de Massy, de Fontaine. Ils reçoivent trois formes : en carré, en cœur, en ronds ou en bondes ; le commerce ne les désigne que sous le nom de fromages de Neufchâtel. Leur manipulation est celle des augelots. On les divise en trois sortes : le *fromage à la crème* pour lequel on additionne au lait trait à l'instant, la crème levée sur celui de la veille au soir ; le *fromage à tout bien*, obtenu du lait de la traite, sans

être écrémé ; et le *fromage maigre*, dont le lait a été dépouillé de sa crème. Tous passent sur des lits de paille une quinzaine de jours, pour se couvrir d'abord d'un velouté bleu, puis de plaques rouges, alors ils sont faits et propres à la vente. Le premier se conserve long-tems, le second ne dure guère que deux mois, et le troisième se garde peu et difficilement. On les aére de tems à autre, pour qu'ils ne se dessèchent pas trop, comme aussi pour ne point devenir trop mous.

FROMAGE DE SALM. — C'est le vrai fromage de Gruyères, comme nous le verrons en en parlant plus loin.

* FROMAGE DE SENECTÈRE—Dans toutes les fermes de la Limagne, de cette vaste et belle plaine, célèbre autrefois par sa grande fertilité et la beauté de ses cultures, entourée de montagnes volcaniques, et traversée dans toute sa longueur par la rivière de l'Allier, on fait des petits fromages très estimés et que l'on consomme sur les lieux en grande partie. Ceux de Senectère sont vantés depuis fort long-tems. Quant à la méthode de les fabriquer, elle est la même que celle suivie pour les fromages du Cantal.

FROMAGE DE SEPT-MONCEL. — Quoique généralement connu dans le commerce sous le nom de fromage de Saint-Claude et de Sept-Moncel, il est certain que ces deux communes du département du Jura en fabriquent beaucoup moins que celles des Molunes et des

Moussières, où les pâturages sont d'une haute qualité. La manutention des fromages a lieu du 15 mai au 10 octobre: on réunit tout le lait d'une traite en un grand baquet, sans le faire chauffer, et dans lequel on jette la présure nécessaire. Dès qu'il est coagulé, on lève à sa surface une sorte de crème qu'on met en réserve pour faire le beurre, et un beurre assez commun. Ensuite, sans diviser le caillé, on le dépose dans un moule percé de trous, au moyen desquels le petit-lait s'écoule à l'instant. On presse médiocrement le fromage, et, à la traite suivante, si le lait de la première n'a pas fourni un pain assez gros, on rompt celui-ci en morceaux pour l'amalgamer avec un nouveau caillé. L'on attribue à ce mélange la moisissure bleue ou rouge qui forme comme des veines dans la pâte, et communique au fromage une saveur piquante. On les appelle pour cela *fromages persillés*. Après avoir été dépouillés de tout le sérum, tournés et retournés dans le moule, on les met à tremper dans de l'eau saturée de sel commun. Ils y restent quelques jours, s'y cuisent, selon l'expression en usage dans les fromageries, puis on les sèche à la cheminée, et lorsqu'ils sont parfaitement secs, on les place de champ, à la cave, à l'abri des mouches et des souris. Ils pèsent alors de huit à dix kilogrammes chaque.

* FROMAGE DE VIRY. — Les fermières de Viry-Châtillon, département de Seine-et-Oise, ont fait long-tems mystère de la préparation de leur fromage. Cadet de

Vaux le découvrit et le rendit public. Voici comme il nous raconta l'anecdote : « Je suivais l'opération du
» battage du beurre, avec d'autant plus d'attention que
» la crème employée était déjà ancienne, piquante et
» mal odorante ; on fut très long-tems à battre, enfin le
» beurre était au moment de se former, lorsque je
» goûtai la crème ; elle était devenue très douce, très
» agréable, le battage avait dissipé ou combiné les prin-
» cipes qui l'avaient beaucoup altérée avant l'opération,
» je fis suspendre et dresser de cette crème dans un
» clayon garni d'une mousseline : le résultat fut du très
» bon fromage de Viry; le surplus de la crème resté dans
» la batte donna son beurre quatre ou cinq minutes après.
» L'opération répétée sur de la crème douce me donna
» un fromage supérieur en qualité. En sorte que ce fro-
» mage le plus délicat, et le plus cher des fromages, n'est
» autre chose que la crème prise à ce degré d'épanche-
» ment et de consistance qui annonce la prochaine sé-
» paration du beurre ». De ce moment il n'y eut plus de
secret, toutes les ménagères purent faire du fromage de
Viry ; son prix diminua nécessairement, et l'économie
domestique eut une jouissance de plus, à très bon
compte.

FROMAGE DES PYRÉNÉES. — Avec le lait des vaches
qui vont sur les montagnes paître l'herbe parfumée, on
obtient un beurre d'excellente qualité qu'on livre au
commerce, fondu et renfermé dans des petits pots. On en

fait aussi des fromages que l'on vante lorsqu'ils proviennent des métairies de la riche et belle vallée de Campan, département des Hautes-Pyrénées. Les autres ne peuvent satisfaire que le palais des pâtres, tant ils sont chargés de sel et de présure. Les montagnards se plaignent de ce qu'ils ne peuvent s'en défaire; ils devraient changer leurs procédés grossiers, améliorer la construction et la tenue des étables, le bien qui en résulterait engendrerait le mieux ; ils y gagneraient sous le double rapport de la nourriture et du profit. Sous ce point de vue, le voyageur est péniblement affecté quand il compare l'existence de l'homme et des bestiaux des vallées d'Aspe et d'Ossan avec l'existence de l'homme et des bestiaux qui peuplent les rians coteaux des vallées de Luz et d'Azun.

Fromage du Cantal. — Les hautes montagnes du département du Cantal, envahies une partie de l'année par les neiges, fournissent dans la belle saison de savoureux pâturages , où , durant cinq mois, de grands troupeaux de vaches de haut crû vont s'alimenter et charger leurs mamelles fécondes de ce lait non écrémé que l'on convertit en fromages appelés *Tommes* et *Fourmes* : la plus intéressante production du pays et l'aliment principal de ses habitans , écrivait au milieu du seizième siècle le docte Bruyerin de Champier. Les plus estimés se fabriquent dans les trois vallées qui se réunissent devant l'ancienne petite ville de Salers , principalement dans celle de Fontanges, que sillonne la Maronne au milieu de riches prairies et d'allées plantées de saules et de peupliers. Viennent ensuite ceux des hauteurs du Cantal qui se gardent plus de neuf mois, puis ceux des montagnes basses, lesquels, pour conserver leurs qualités, durant sept à huit mois, ont besoin d'être tenus enfermés dans les caves de la ville de Murat; ils les perdent pour ainsi dire incontinent si on les porte dans les celliers d'Aurillac. On les couvre de feuilles de gentiane.

Les fromages de lait de vache sont de trois sortes, les uns qu'on désigne plus particulièrement par le mot de *Fourmes,* parce qu'ils sont pressés dans un moule dont le fond est un peu élevé au centre, comme la forme de Gérardmer ; les autres, dits *secondaires*, sont tirés du petit-lait précipité par le premier caillé, auquel on additionne environ un douzième de lait nouvellement trait ; leur goût est délicat et agréable ; les troisièmes, enfin, appelés *Gapérous,* et fabriqués avec le petit-lait, résidu des deux premières sortes, s'obtiennent par l'ébullition, qui dégage et précipite le peu de parties caséeuses qu'il contient. Ce fromage, assez mauvais, sert à la nourriture du vacher et de ses aides, le *boutilier,* qui est chargé de la traite, le *gouri* ou pâtre et le *vedelet*, garde des veaux. Ces fromages se font en différentes saisons ; ceux des Monts-Dores, que l'on fabrique en juin et juillet, sont toujours d'une qualité supérieure ; ceux faits à la métairie, pendant le séjour des vaches, soit au commencement du printems soit en automne, sont d'une qualité inférieure ;

l'on préfère outre cela, comme je viens de le dire, parmi les premiers, ceux des montagnes hautes à ceux des montagnes basses ou coteaux , comme étant d'une pâte plus solide et d'une meilleure conservation. Quels qu'ils soient, ces fromages, lorsqu'ils sont arrivés à point, on en gratte la croûte, on la frotte , on la débarrasse de toute moisissure, pour la colorer en rouge avec un tuf tiré du vallon de la Craie, ravin profond où tombent en cascade les eaux de la Dore.

En 1768, Nicolas Desmarets, dans un mémoire consciencieux sur l'*Art de faire et de préparer les fromages* (1), a décrit les procédés qu'on suivait alors dans les différens cantons des départemens du Cantal et du Puy-de-Dôme, et qu'on a fort peu modifiés depuis. On ne sera point étonné de me voir puiser à cette source si pure, pour compléter ce que je dois en dire ici.

Après qu'on a trait les vaches, on coule le lait à travers une chausse d'étamine blanche d'un tissu serré (v. la figure 7), et aussitôt après on jette dedans la présure, que l'on remue pour distribuer ce ferment dans toute la masse et pour en hâter l'effet. Le lait se caille en moins d'une demi-heure, à la faveur du repos et d'une chaleur douce qu'on lui a communiquée en l'approchant du feu, si la température atmosphérique n'est

____

(1) Il est inséré dans l'*Encyclopédie* de Diderot et d'Alembert , tome 6 du recueil des planches in-folio.

point suffisante. Une fois le lait entièrement pris, on divise le caillé à l'aide d'un bâton armé d'une rondelle trouée, pour en détacher le petit-lait, puis former du caillé un gâteau, que l'on retire alors du vase pour le presser fortement avec les deux mains dans un moule, afin de l'y dépouiller de ce qu'il peut encore enfermer de petit-lait, lequel s'échappe à travers le lit de paille mis au fond du vase, que l'on nomme *baste*, et sort en ouvrant la bonde ménagée au-dessous. Tous les trois jours on renouvelle la paille ou bien on la lave soigneusement dans de l'eau tiède. En cette situation, le caillé, dit *tomme* (1) se boursouffle ou pousse, selon l'expression du pays, c'est-à-dire, augmente de volume et se remplit de trous, de vides ou d'yeux : c'est le moment de le convertir en fromage. A cet effet, on l'enferme en un moule ou boîte cylindrique en bois de hêtre, après avoir jeté dessus une petite poignée de sel, et on le porte sous la presse, pour y être comprimé durant vingt-quatre heures; on le retourne ensuite dans le moule, et on le laisse quelques jours sous la presse. Plus souvent on le retourne, plus le sel se fond dans la masse du fromage, plus il en pénètre également toutes les parties. Cette attention décide de la bonté du fromage. Au sortir de la presse, on le transporte à la cave, où l'on doit le retourner tous les jours,

(1) Il ne faut pas confondre la tomme du Cantal avec celle des Alpes. Celle-ci est un fromage maigre de trente-deux centimètres de diamètre, fait avec du lait de vache écrémé. La *toumma tsivra* est moins grande, et obtenue du lait de chèvre.

pour éviter que la tomme qui est molle et gluante, ne se colle aux planches sur lesquelles on la dépose. Il y a des buronniers qui la mettent à sécher à côté de la cheminée. Dans certains cas, il est nécessaire de l'humecter avec le petit lait saturé de sel, surtout quand on s'aperçoit qu'elle est trop sèche. Du moment qu'il se manifeste à la surface une légère humidité, c'est que la saumure a suffisamment pénétré la masse.

Après que les fromages ont séjourné un certain tems à la cave, on les essuie, on les frotte pour enlever les parties butireuses qui s'accumulent à leur surface et y forment une croûte, d'abord mollasse, puis consistante. On racle avec un couteau mince jusqu'à ce que cette croûte, devenue solide, se montre blanchâtre ou d'une couleur orangée : c'est le résultat du mouvement de fermentation lente qu'on a communiqué à la tomme pour la faire souffler ; c'est aussi la conséquence de l'apauvrissement de la pâte du fromage et de son passage rapide à l'état d'alcalescence et de décomposition.

FROMAGE DU JURA. — Ce fromage étant fait d'après les méthodes suivies sur la montagne des Colombettes, au pays de Gruyères, canton de Fribourg, en Suisse, il convient de lire ce que nous dirons plus bas, des procédés employés par les *armaillis* de ce pays, pour tirer parti du lait de leur chères *liobas* (1).

(1) Le premier de ces mots signifie vachers dans le Ranz des va-

FROMAGE EN MEULE. — Sur les chaumes des Vosges , les markaires donnent ce nom à une sorte de fromage disposé dans le moule et de l'épaisseur de la petite meule à aiguiser du remouleur. Sa qualité le place sur la même ligne que le fromage des Colombettes.

FROMAGE FAÇON D'ANGLETERRE. — J'emprunte à Marshall (1), à Parkinson (2), au docteur Anderson et à J. Twamley (3), les quelques notions suivantes sur les principaux fromages anglais.

BRIQUETONS. — Les fromages *brick-bat* sont ainsi nommés de la forme de brique, la plus généralement adoptée ; on les fabrique surtout dans le Wiltshire, au mois de septembre , de la manière suivante : sur dix litres de lait nouvellement trait , on jette un litre et demi de bonne crème élevée artificiellement à la température du lait , et deux ou trois cuillerées de présure. On laisse cailler jusqu'à ce que le petit lait, qui surnage, ait pris une teinte verdâtre ; alors on coupe le caillé, que l'on met dans des moules en bois , où on le presse peu et dans lequel il doit sécher et s'affiner. Ce n'est

ches et dans le patois roman que l'on parle à Gruyères ; le second est le nom d'amitié que les armaillis donnent à leurs vaches.

(1) *Maison rustique anglaise* , ou Agriculture pratique des différentes parties de l'Angleterre ; trad. française de Pierre-Adrien Paris, architecte ; Paris, 1803. 5 vol. in-8. Vol. 1 , p. 284 et suiv. ; vol. 2, p. 109 et suiv.

(2) *Treatise on live stock* , tome 1, p. 62 et suiv.

(3) *Essays on the management of cheese and butter* London, 1816.

qu'au bout d'une année que les briquetons se vendent et qu'ils sont bons à manger.

CHESTER. — On unit au lait trait le matin toute la crème fournie par la traite du soir précédent , et après avoir passé le tout à travers un linge , on le verse dans un réfrigérant , d'où il tombe en un grand baquet , et on y met la quantité suffisante de présure. On tient le vaisseau couvert pendant une bonne demi-heure, après laquelle on brise et on presse bien le caillé pour en séparer le petit-lait. Lorsque le caillé paraît assez ferme , on y ajoute un kilogramme et demi de beurre frais pour environ cinquante litres de lait. On mêle ce beurre le plus exactement qu'il est possible avec les deux mains ; puis on répand dessus un peu de sel que l'on travaille à incorporer dans toutes les parties. En cet état , on emplit les moules de caillé que l'on enveloppe d'un linge mouillé, pour le placer sous la presse ; après une demi-heure on le retourne , on change le linge et on presse un peu plus ; on répète à plusieurs reprises ce triple manège jusque vers la fin, qu'il faut changer quatre fois avec du linge sec , en le retournant chaque fois , et en le pressant fortement. Cette dernière fois, on le laisse durant quarante heures, après quoi on le retire. On le lave alors avec du petit-lait, on l'enveloppe d'un linge fin , pour sécher ; on le pose à cet effet sur des planches tenues proprement , on le retourne souvent et l'on essuie exactement la place qu'il occupait. Le tems qu'il met à se sécher parfaitement dépend du volume ; mais dès qu'il est arrivé à point, on a un fromage riche, délicat, qui se conserve long-tems ; on le colore avec du jus de carotte ou bien avec une décoction de fleurs de souci.

Quelques personnes enfoncent dans le fromage que l'on retire du moule, des brochettes de bois, qu'elles retirent souvent afin de faciliter la sortie du petit-lait. Elles échaudent aussi les éclisses, dans lesquelles elles pressent le fromage à chaque changement de linge; elles le laissent au pressoir quatre heures chaque fois avant de le retourner ; puis au moment de le presser de nouveau, elles continuent à le piquer de tems en tems avec des brochettes plus fines que les premières.

Il y a deux manières de saler le fromage de Chester. Selon l'une, aussitôt qu'il sort de dessous la presse, qu'on l'a changé d'éclisse et de linge, on le plonge dans une saumure où il reste plusieurs jours, mais durant lesquels on le retourne au moins une fois par jour. D'après l'autre manière, on le sale sur les deux faces et sur les côtés pendant trois jours consécutifs, et on change deux fois le linge qui l'enveloppe. On le retire alors du moule et on le met sur la planche à saler, où huit à dix jours de suite on le frotte de sel. Si le fromage est gros, pour l'empêcher de se fendre et de couler, on l'entoure d'un cercle en bois (voyez la figure 19); en cet état on le plonge quelques instans dans du petit-lait chaud, puis on l'essore avec un linge fin, bien sec, ou le met à sécher durant une semaine, enfin on le porte au dépôt, où de tems à autre on le change de place, on le retourne et on le oint de beurre frais. Cette manœuvre a lieu tous les deux jours en été, tous les quatre jours seulement en hiver.

Stilton. — Ce fromage est très estimé des Anglais, à cause de sa saveur et de sa bonté, deux ans après sa fabrication, lorsqu'il se revêt d'une couleur bleue, et qu'il est prêt à couler. La ville de Stilton n'en est que l'entrepôt ; on le fait dans ses environs et dans les pays avoisinans. Pour l'obtenir, on prend le lait du matin, on lui additionne la crème du soir et une petite quantité de présure. On n'écrase point le caillé, on l'enlève tout d'une pièce, lorsqu'il est formé, et on le met dans un tamis pour égoutter ; on le presse doucement avec les mains pour faciliter l'émission du petit-lait. Dès qu'il se montre assez consistant, on le partage dans des moules, et comme il est très crèmeux, on l'enveloppe de linges fins que l'on serre un peu plus chaque fois qu'on le retourne, ce qui se fait tous les jours. Une fois arrivé à ce point et qu'il est suffisamment ferme, on le brosse chaque matin durant l'espace d'un et de deux mois. Pour accélérer sa maturité, on le sale légèrement, on le tient enfermé dans des baquets hermétiquement clos, et on l'arrose par fois avec du vin chaud.

Fromage façon Gruyères. — Depuis plus de trois siècles on fait en France, sur les montagnes des départemens des Vosges, de la Haute-Saône, du Doubs, du Jura et de l'Isère, des fromages d'après les procédés employés par les propriétaires du canton de Fribourg, en Suisse, et ils passent dans le commerce sous le nom de véritables Gruyères. Il y a quelques années que cette industrie agricole s'est répandue en diverses autres localités de nos départemens; les endroits où l'intelligence a présidé à son adoption, l'ont conquise de la manière la plus heureuse, ce sont : La Voivre, près de Vaucouleurs, département de la Meuse ; Lagrave, près de Libourne, département de la Gironde, etc. On en fait aussi depuis peu à l'établissement rural de Grignon, etc.

Nous possédons plusieurs bons ouvrages sur la fabrication du fromage de Gruyères ; les plus intéressans et les plus complets sont ceux publiés il y a fort long-tems (en 1702), par J. J. Scheuchzer (1) ; en 1768 par Desmarets (2), que l'on a souvent copiés sans les nommer ; et, quoiqu'un auteur très moderne assure qu'aucun système de manipulation n'est régulièrement suivi sur cette partie des Alpes, nous dirons le contraire, en citant ce que nous avons nous-même observé, en nous appuyant de l'autorité respectable des deux savans nommés.

On réunit dans une chaudière (3) tout le lait trait la

(1) *De lacte et operibus lactariis, prout præparantur in Alpibus helveticis,* mémoire inséré dans la première partie de ses *Itinera alpina,* p. 49 à 57 ; édition in-4. Londres, 1708.

(2) Dans le même volume cité plus haut, pag. 204.

(3) Une chaudière ordinaire contient le lait de quarante à cin-

veille, à cinq heures du soir, que l'on a eu le soin de bien écrémer, au lait trait le matin à quatre heures, en le versant doucement à travers une espèce d'étamine pour empêcher la mousse ; on chauffe jusqu'à vingt-cinq degrés centigrades ; et l'on met en présure d'une manière très simple : c'est une écuelle plate dont on enduit les deux surfaces de présure, et qu'on promène dans le lait. Dès que la présure commence à agir, on retire la chaudière de dessus le feu ; le lait ne tarde pas à cailler ; on en divise alors toute la masse en matons grossiers et très petits, et l'on enlève la majeure partie du petit lait, c'est-à-dire qu'on n'en laisse que la quantité suffisante pour cuire la pâte du caillé. Les matons ainsi formés, on travaille la masse entière en la remuant sans cesse, pendant dix minutes, avec un moussoir ou bâton armé de petites broches qui le traversent de distance en distance (fig. 17, A). On remet sur le feu, dont on augmente peu à peu la force jusqu'à imprimer une température de quarante degrés centigrades (1) à la masse que l'on agite toujours également et du même côté, puis on retire du feu quand les grumeaux, qui nagent dans le petit-lait, ont acquis une consistance un peu ferme, qu'ils font ressort sous les doigts et qu'ils montrent un

quante vaches ; une grande peut contenir celui de cent vaches environ : c'est la plus forte.

(1) On a souvent besoin de porter plus haut le degré de chaleur ; cela dépend de la nourriture prise par la vache, si c'est de l'herbe nouvelle ou du regain cru après la première fauchaison.

œil jaune. Le travail du moussoir, pour amener à cet état, dure environ trois quarts d'heure. Alors on rapproche les différens matons en une seule masse ; cette opération faite le plus promptement et le plus exactement possible, on passe une toile claire dessous le caillé réuni, dans la chaudière même ; on l'enlève, on le comprime, on le place dans le moule enveloppé de cette toile, et on le porte sous la presse, où il se trouve placé entre deux plateaux qui donnent issue au surplus du petit-lait qu'il contient encore. Après un quart d'heure de compression, on retire la première étamine pour en substituer une autre ; on presse de nouveau ; l'on recommence ainsi jusqu'à ce que le fromage ne fournit plus de petit-lait. A chaque changement d'étamine, on retourne le fromage, on le sale sur toutes les faces, et l'on rétrécit le diamètre du cercle mobile (Voyez la figure 20) qui l'enserre. Ce manége dure un mois, après lequel le fromage est confectionné ; il a pris sa forme, et du moment qu'une humidité surabondante annonce que la pâte ne peut plus absorber davantage de sel, on le porte à la cave après l'avoir retiré du moule. Là il s'affine et parvient à sa perfection.

Le fromage de Gruyère bien fait a de la consistance, et sa pâte serrée, compacte, intimement unie par une cuisson ménagée, est ouverte par de grands yeux plus ou moins clairsemés ; quand il est nouveau, la pâte est d'un blanc jaunâtre, moëlleuse, délicate, se fondant aisement dans la bouche ; en vieillissant , elle acquiert du montant , mais aussi bientôt elle perd de sa consistance, s'émiette, jaunit et se brise au moindre effort. Il y a des meules du poids de vingt-cinq à trente kilogrammes, ce sont celles que l'on nomme *motte ;* celles au-dessous de douze kilogrammes, s'appellent *mottettes ;* ce mot est le diminutif du précédent. Ceux qui disent et écrivent qu'il y en a pesant deux cents kilogrammes et plus, exagèrent autant que ceux faisant mention de fromages ayant la grandeur d'une meule de moulin : ces contes-là étaient bons , selon l'expression du poète italien,

A' tempi antichi , quando i buoi parlavano.

Fromage façon de Hollande. — La conquête de ce genre d'industrie nous est acquise depuis près d'un demi-siècle ; les fromages de Varaville , de Pont-l'Évêque et Livarot , de Neuilly près d'Isigny et de Hercouel, je dirai plus, ceux que l'on fait dans toutes les fermes et même dans chaque chaumière du pays d'Auge, département du Calvados , ont maintenant la plus parfaite analogie avec le fromage de Hollande ; ils égalent en durée comme en bonté , celui du beau village de Broock, entre Amsterdam et Edam , que visita Desmarets , c'est là qu'il étudia les procédés employés, et les fit connaître en 1768. Son travail a été utile : c'est la plus douce récompense qu'il emporta dans la tombe, où il descendit le 28 septembre 1815. Je vais , d'après lui, décrire ces procédés, pour aider ceux de mes lecteurs qui voudraient les adopter.

Lorsqu'on a obtenu le caillé par le procédé ordinaire, qu'on l'a bien malaxé et rassemblé en un seul bloc, on le comprime fortement dans une espèce de passoire ; le petit-lait s'échappe et en même tems une certaine quantité de crème, malgré tout le soin pris pour bien mélanger la pâte. Cette crème est tellement abondante dans le caillé, que lorsqu'on le rompt, on en voit plusieurs filets qui en découlent, et même quand le fromage a reçu toutes ses préparations, on la remarque encore par veines blanches distribuées dans son intérieur : c'est une preuve non équivoque que le lait employé est fort gras.

A mesure que l'on pétrit le caillé, on le réduit en grumeaux très fins, et on l'enferme dans des cylindres creux, dont le fond est concave et percé de quatre trous, en ayant soin de le tasser fortement ; puis on le met sous presse, après l'avoir couvert d'un couvercle cylindrique d'un diamètre plus petit que celui du moule. Là, le caillé prend de la consistance ; alors on le sort du moule, on le retourne et on lui fait subir une nouvelle pression. Dans cette situation, ajoute Desmarets, le petit-lait et la crème surabondante se dégagent encore par petits filets du pain de caillé, dont les grumeaux se rapprochent et se serrent de plus en plus, ce qu'on reconnaît aisément par la diminution des yeux ; lorsqu'ils sont réduits à un certain point, le pain devenu parfaitement homogène, se retire de dessous la presse ; on l'enveloppe d'un canevas exactement bien sec, on le trempe dans une faible saumure, puis on le met dans un moule plus petit, que l'on couvre, sur l'une et l'autre face, d'une couche de sel blanc, puis on l'enlève par un bain d'eau fraîche, lorsqu'elle a suffisamment exercé son influence ; enfin, on soumet le fromage à l'action soutenue, durant huit à dix heures, d'une presse très puissante. Après toutes ces manœuvres multipliées, on le porte au dépôt sur des planches, où on le retourne souvent. Quand le fromage est d'un beau jaune, on le vend frais sur les marchés de Purmerand, de Édam et des ports de la mer Baltique.

Comme on le voit, ces diverses manutentions rappellent en partie celles en usage dans le département du Cantal ; elles ont reçu des modifications en s'introduisant dans celui du Calvados ; on a profité des remarques judicieuses de Desmarets, sur le discret emploi du sel, dont le but n'est pas seulement d'assaisonner le fromage, mais encore d'arrêter pour le plus de tems possible les progrès de la lente fermentation intérieure, dont le travail assure les qualités essentielles, 2° sur la nécessité de soumettre de suite le caillé à une pression graduée qui force le petit-lait à sortir entièrement, et à entraîner avec lui les portioncules de présure demeurées intactes, et qui se cachent dans le caillé qu'elles *poussent* ou *soufflent*, selon le mot reçu chez les fromagers du Cantal.

Fromage façon lodésan. — Quand on suit attentivement les détails dans lesquels sont entrés, sur la manutention de ce fromage, Desmarets (1), Zappa (2), Monge (3), Bayle-Barelle (4), J.-B. Huzard (5), et tout récemment Luigi Cataneo (6), qui non seulement habita plusieurs années sur les lieux où se fabrique le meilleur, mais encore s'est livré à des expériences, afin de rectifier des pratiques routinières et vicieuses adoptées dans le Milanais, on remarque que les procédés sont presque les mêmes que ceux employés pour le fromage de Gruyères. En effet, le lait s'y caille de la même manière; le coagulum, divisé le plus possible, puis rapproché, comprimé dans des moules, est salé comme nous l'avons indiqué; la seule différence est dans un degré de cuisson plus avancé, qui doit atteindre de 30 à 50 degrés centigrades: selon la remarque de Monge, c'est à cette circonstance qu'il faut attribuer la

(1) *Art de faire les fromages*, dans l'Encyclopédie in-folio.

(2) *Feuille du Cultivateur* (1796), tom. VI, p. 137 à 140.

(3) *Notice sur la fabrication du fromage de Lodésan, connu sous le nom de Parmesan*; Annales de chimie (1799). Tom. XXXVI, p. 287 à 295.

(4) *Essai sur la fabrication du fromage dit Parmesan*; Annales d'agriculture (1816), tome LX, p. 323 et suiv.

(5) *Mémoire sur la fabrication du fromage de Parmesan*; in 8. Paris, 1823.

(6) *Sulla fabbricazione del formagio parmegiano*, in 8. Milano, 1838; lisez surtout le chap. 26.

pâte sèche , grenue, du fromage lodésan , l'agrément qu'il offre de se râper et de servir ainsi de condiment à des mets qu'il relève et rend plus savoureux.

L'art de faire ce fromage consiste donc dans la connaissance des qualités du lait , et sa conduite régulière durant les mutations qu'il doit subir; dans la graduation et la durée du chauffage; dans l'étude attentive des causes et des circonstances qui préparent et assurent un succès complet. On enlève au lait une partie de crème sur dix parties caséeuses , afin d'amener le fromage à être plus compacte, plus durable et propre aux voyages maritimes de long cours. La présure s'enferme dans un linge, pour y fondre et empêcher que les matières non solubles ne se précipitent dans la chaudière et ne nuisent au caillé auquel elles se mêlent volontiers. On colore la pâte avec quelques pincées de safran , non seulement pour flatter l'œil, pour lui donner plus de goût et l'accommoder aux estomacs les plus délicats , mais encore pour servir d'indice et de régulateur pendant certaines opérations. Afin de prévenir la fermentation de l'acide lactique , qui nuit très souvent à la bonne confection de ce fromage , on emploie, depuis quatre ans (1838), le sous-carbonate de manganèse, surtout aux époques des grandes chaleurs ; on mêle cette substance minérale dans le lait que l'on veut conserver jusqu'au lendemain de la traite. Cataneo nous assure que cette addition ne nuit aucunement à la santé , qu'elle rend la conservation du fromage de plus longue durée, et, ce qui n'est pas moins avantageux, elle procure une augmentation de produit, qu'il évalue de six à sept pour cent. Comme les fermiers possèdent par eux-mêmes de dix à vingt et trente vaches, la masse de leur lait leur permet de faire habituellement des fromages du poids de vingt-cinq à trente kilogrammes ; on parle de plus gros, arrivant à cinquante et cent kilogrammes ; mais ce sont des faits extraordinaires et résultant de l'union de plusieurs fermiers. Dans la belle saison, lorsqu'il y a abondance de lait et que la température est élevée, on fabrique le fromage tous les jours ; en hiver, cela n'a lieu que tous les deux jours. Les meilleurs, appelés *di grana*, sortent du pays de Lodi, aux environs de Milan, et de cette partie de la Lombardie où l'on entretient ces vastes prairies, toujours fraîches, toujours verdoyantes, même sous un soleil brûlant, que l'on nomme *Prati a marcita*, et *marcitari*, sur lesquelles Berra nous a laissé un ouvrage aussi savant qu'il est riche de faits et de pratiques curieuses (1). On a donné vulgairement le nom de parmesan à cette espèce de fromage, parce qu'autrefois la ville de Parme en était l'entrepôt général ; mais aujourd'hui que l'on sait qu'elle appartient tout entière à la province de Lodi, l'on doit lui donner le nom de sa patrie primitive. On l'imite très bien dans les départemens

______

(1) *Dei prati del basso Milanese detti a Marcita*, di Domenico Berra ; in-8. Milano, 1822, con due rami e varie tavole.

du Doubs et du Jura , en Suisse et dans la vallée du Pô.

Fromage fait. — Ce nom s'applique à tout fromage dans lequel sont développés les principes odorans remarqués à l'état latent, en partie butireuse, qui l'aromatisent et lui donnent du montant. Le fromage fait contient aussi un acide dû à l'altération ou combinaison de la partie azotée du lait.

Fromage fondu. — J'ai mangé de ce fromage dans le département de la Sarthe et en Piémont ; on le fait avec du lait de vache pur, écrèmé, avec du fromage à la crème, avec d'autres fromages, excepté celui de lait de chèvre, que l'on coupe par petites tranches, que l'on mêle avec du beurre, un peu d'eau et de farine. Le tout se fait fondre à un feu doux ; on agite continuellement ce mélange, jusqu'à ce qu'il soit réduit en une pâte liquide, de la consistance de la bouillie ; alors une liaison de jaunes d'œufs perfectionne le mets et le rend fort appétissant.

Fromage gras. — Dans le Jura l'on fait des fromages gras ou de crème ; les plus réputés se trouvent aux environs de Pontarlier et à Bonnevaux ; il faut les manger au bout de trois semaines, autrement ils se durcissent. On caille le lait au sortir du pis de la vache, avec de la présure ayant au plus huit jours ; vieille, elle imprimerait au caillé un goût fort, très désagréable. On tient ces fromages enveloppés d'écorce et on les sale pendant quinze jours.

FROMAGE GRIS. — Nom que l'on donne par fois aux fromages de Sept-Moncel.

FROMAGE MAIGRE. — Quand on ne sale pas de bonne heure et avec entente les fromages quelconques, leurs parties constituantes se désunissent, ils perdent les qualités essentielles qu'une manutention régulière leur apporte : l'on a dès lors un fromage maigre : c'est le *toumma* des châlets des Alpes.

FROMAGE PERSILLÉ. — Fromage dont on a rompu le pain en plusieurs morceaux, et que l'on amalgame ensuite avec un nouveau caillé, dont le contact le couvre, dès qu'il est enfermé dans les moules, de veines bleues, rouges, jaunes, brunes, etc., et lui communique une saveur toute particulière. Celui de Sept-Moncel est très estimé. L'on cherche à l'imiter en plaçant le fromage du lendemain sur celui de la veille, après avoir saupoudré ce dernier de charbon d'épicea, *pinus picea*, pilé et passé au tamis de soie; mais le connaisseur découvre bientôt la supercherie, tant au goût qu'à l'inspection de la raie noire qui se trouve au milieu du fromage. Ceux que l'on fabrique à Bellefontaine, département du Jura, ont la pâte jaune, sont excellens, mais ils n'atteignent point la qualité des persillés de Sept-Moncel.

Les Anglais introduisent dans quelques-uns de leurs fromages persillés, du vin de Malaga ou des Canaries, ils en deviennent plus excitans et plus convenables à des estomacs habitués à la bonne chère et aux liqueurs fortes.

Notker, dit *Le Moine de St.-Gal*, raconte à ce sujet une anecdote qui, lors même qu'elle serait controuvée, prouverait que l'usage de cette sorte de fromage est très ancien en France. Selon lui, en 881, Charlemagne, visitant ses états, descendit à l'improviste chez un évêque (l'auteur ne donne ni son nom ni le lieu de sa résidence), qu'il trouva faisant son repas avec un fromage persillé; l'empereur n'en avait jamais vu ni goûté; pressé qu'il était par la faim, ne pouvant d'ailleurs se faire servir de viande à cause de l'abstinence du jour, il mangea du fromage, en ayant soin d'enlever avec la pointe de son couteau les taches colorées du persillé qu'il prenait pour de la pourriture. L'évêque s'en étant aperçu, lui fit observer qu'il se privait de la meilleure partie du mets; il goûta le persillé, le trouva fort appétissant, et chargea son hôte de lui en conserver chaque année, *in cubam* (dans un baquet), sa provision, et de la lui expédier à Aix-la-Chapelle. L'évêque lui répondit qu'il était bien en son pouvoir d'envoyer des fromages, mais qu'il ne l'était pas d'être certain de la bonne foi du marchand. Eh bien, dit Charlemagne, avant de les encaisser, coupez-les par le milieu; la certitude acquise, rapprochez les deux moitiés, en les assujétissant avec une cheville de bois: ce qui fut fait. De ce moment les fromages persillés eurent beaucoup de vogue (1). Notker, je dois le noter ici, est un analiste contemporain de Charlemagne.

(1) *De gestis Caroli magni*, lib. 1, cap. 17.

On confond, sous le nom de *persillés*, les fromages aux herbes dont je parlerai plus bas, § IV, pag. 235, en traitant des *fromages mélangés :* c'est une faute qui, du vulgaire, a passé dans le commerce, et que répètent sans examen certains auteurs, je devrais dire les compilateurs.

Fromage rond. — Un des noms donnés aux fromages qui se fabriquent dans les vallées, aux environs de Neuf-châtel, département de la Seine-Inférieure.

Fromage stofé. — Sorte de fromage que l'on mange dans le département du Nord, surtout dans les communes rurales de l'arrondissement d'Avesnes. La manipulation est toute du domaine de la ménagère. Elles emploient le lait de vache non écrémé et mêlé de présure. Le lait étant caillé, elles le laissent en repos pendant vingt-quatre heures avec la partie aqueuse, nommée *sur-lait*, pour y contracter une légère aigreur, condition indispensable. Ce délai expiré, l'on retire la pâte ou *mou-fromage* du vaisseau, on la place dans une étamine et on la suspend à un croc à l'étable, afin qu'elle y perde tout le petit-lait et y acquière de la consistance. Quelquefois, pour faciliter autant que pour hâter la confection du stofé, l'on met l'étamine et le fromage qu'elle contient en un vase percé de trous comme une passoire, que l'on charge de grosses pierres. Lorsque la pâte est complètement dépouillée du petit-lait, on la poivre, on la sale avec beaucoup de soin, et on la dépose sur des vases en terre cuite vernissée, pour l'employer au basoin. Sa surface devient molle , ou, comme on dit , *se r'engraisse* au bout de huit à dix jours si le vase demeure à découvert. C'est cette surface coulante que l'on enlève successivement , qui porte le nom de *stofé*. Etendu sur des tranches de pain de deux centimètres d'épaisseur, et grillé sur un feu vif , le stofé est très recherché, même par les habitans des villes ; le régal est parfait en mettant sur la rôtie une couche légère de beurre frais qu'on laisse fondre.

TÊTES DE MOINES et TÊTES DE MORTS.— La forme arrondie et grosse de certains fromages fabriqués sur les chaumes des Vosges , leur fait donner ces deux noms vulgaires. La bonté de ces fromages égale les Gruyères les plus parfaits.

VACHELIN. — Cet excellent fromage, pour lequel on emploie partie à peu près égale de lait privé de crème et de lait frais , se prépare dans les Vosges et le Jura. Son poids ordinaire est de 20 à 25 kilogrammes; on l'enferme dans des futailles de sapin pour être transporté au loin, et son prix varie de 70 à 100 fr. le quintal métrique. Pour le faire , on chauffe le lait à 30 et 32 degrés centigrades, on verse dessus la présure , on agite pour favoriser le mélange, et quinze à vingt minutes après , le petit-lait se sépare du caillé. Celui-ci se brasse à petits grains oblongs, assez semblables à ceux du riz crevé; puis il forme une pâte tenace, élastique, adhérant aux doigts, criant sous la dent. On enferme cette pâte dans des moules enveloppés de toile, on la presse fortement, on la sale ensuite jusqu'à ce qu'elle ait absorbé du sel dans la proportion de la vingt-quatrième partie de son poids.

Au pied du Simplon, aux environs de Brig et dans diverses autres localités du Valais, on fait des vachelins, mais ils sont très inférieurs aux nôtres, quoique les procédés soient les mêmes : cela vient de ce que le lait de chèvre y est admis en trop grande proportion.

§ II. FROMAGES DE LAIT DE BREBIS. — Les *lesbaux*, vantés par Olivier de Serres (1), à cause de leur délicatesse ; les *fourmageots* ou fromageons que l'on confectionne dans beaucoup de localités du Midi, surtout aux environs de Montpellier ; le *caillé des Cévennes* réduit en flocons grenus, d'une blancheur demi-transparente, d'une saveur douce, fraîche et agréable, ainsi que le *fromage de Roquefort*, célèbre depuis plus de vingt siècles, sont faits avec le lait de brebis, obtenu par une émulsion forcée.

Comme les procédés généraux sont les mêmes que ceux indiqués pour les fromages de lait de vache, je ne m'arrêterai, sur ceux de Roquefort et sur les fromageons, qu'aux manutentions qui leur sont particulières.

FROMAGE DE ROQUEFORT. — La réputation de ce fromage s'est soutenue à travers les révolutions politiques, les guerres civiles et religieuses, la férocité du moyen

____

(1) *Théâtre d'agriculture*, iv lieu, chap 8, p. 529 tome 1 de l'édition de 1804, in-4.

âge et les vexations de la féodalité. Jusque vers l'an 55o de l'ère vulgaire, durant trois jours, les habitans des vallées de l'Ergue et du Tarn, réunis à ceux du Causse de Larzac, département de l'Aveyron, étaient dans l'usage d'aller, chaque année et en pompe, jeter dans le lac du mont Helanus une certaine quantité de fromages, de fruits, etc., en signe de dévotion et de reconnaissance de la bonté de leurs grottes (1). Pline le naturaliste nous apprend combien ce fromage était estimé et recherché par les Romains (2). J'ai vu des actes de l'an 1070 qui en font mention et le citent comme un genre d'industrie fort avantageux pour toute la contrée. A cette époque, on le tirait uniquement de Toulouse, Nîmes et Montpellier. En 1754, le produit arrivait à trois cent soixante mille francs, et les débouchés, plus étendus, avaient lieu sur les foires de St.-Rome-du-Tarn, St.-Rome-de-Sernon, Ste.-Affrique, St -Georges et Milhau. De nos jours son commerce est tellement lucratif, que l'on évalue à plus d'un million la somme que sa vente laisse annuellement dans le village de Roquefort.

Jalouses de cet état de prospérité, les communes de Caussenègre, Cornus, Alric, Lendry, Beaume-Escure, Fondamente, St.-Baulise, qui possèdent des grottes,

____

(1) Grégoire de Tours, *Liber de gloriâ Confessorum*, cap. 2. Une pareille cérémonie avait lieu auprès de Marseille, avec le même fromage, nous apprend Dyname, *Vita S. Hilarii*, manusc.

(2) *Historia naturalis*, lib. xi, cap. 42.

ainsi que Cotterouge, dont la sienne qui est fort belle,
a été découverte en 1750, ont voulu rivaliser avec
Roquefort; mais leurs fromages n'ont point encore,
malgré un siècle de fabrication et les conseils de Chap-
tal (1), les qualités de ceux de Roquefort; quoiqu'elles
suivent la même méthode, quoique les produits présentent la même pâte, leurs fromages sont demeurés inférieurs; ils diminuent, en outre, de 8 pour cent par
année, tandis que le véritable Roquefort diminue seulement de 2 pour cent. Le parlement de Toulouse, dans
la juridiction duquel ces communes se trouvaient, jaloux
de conserver au fromage de Roquefort sa juste réputation, défendit plusieurs fois de mettre en vente, sous son
nom, ces fromages inférieurs. Le dernier acte de ce
parlement date du 31 janvier 1785.

Marcorelle (2) nous apprend que, en 1754, on comptait
vingt-six grottes propres à recevoir les fromages fournis
par plus de cent cinquante mille bêtes à laine paissant sur
les pâturages abondans de l'immense plateau de Larzac.
Girou de Buzareingues (3) ne parle que de dix, dont
cinq seulement ont des soupiraux à courant d'air extrê-

(1) *Observations sur les caves et le fromage de Roquefort* (1790),
Annales de Chimie, tom. IV, 31 à 61.

(2) *Mémoire sur le fromage de Roquefort*, inséré pag. 585 à 602, t.
III des Mémoires de mathématiques et de physique présentés à l'Académie des sciences, par divers savans. Paris, 1760; in-4.

(3) *Mémoire sur les caves de Roquefort* (1830), Annales de
chimie et de physique, tom. XLV, 362 - 371.

mement froid, qui vous pénètre et vous glace même en été, sans doute parce qu'il n'a vu que celles de la rue des Caves, rue privilégiée, donnant les fromages les les plus estimés.

Les procédés pour préparer le fromage de Roquefort, sont identiques à ceux en usage dans tous les pays, seulement on mêle au lait de brebis, qui en fait la base et lui donne la saveur ainsi que la consistance, un peu de lait de chèvre pour le rendre blanc. On le fabrique de mai à la fin de septembre; hommes et femmes font la traite deux fois le jour; le lait se coule à travers une étamine; on jette dedans une cuillerée de présure pour cinquante kilogrammes de lait. Une femme brasse le caillé après sa cuisson, puis elle le met en moule, en l'exprimant fortement; on le presse, et après douze heures on le sort du moule, on le ceint d'une grosse toile et on le porte à la casière ou séchoir. Après une quinzaine de jours, on le transporte aux grottes (1), où il est pesé, compté, enregistré, salé, classé, trié selon ses qualités et empilé cinq par cinq; au bout d'une semaine, on le frotte, on le retourne; puis on le racle. Cette pelure étant pétrie, disposée en boule, appelée *bolu* par les uns et *rhubarbe* par les autres, se vend dans le pays vingt centimes le kilogramme. Du moment que le fromage a pris consistance et de la fermeté, il se

(1) Ce transport se fait de mai à septembre, à dos de mulet, dans des caisses ouvertes marquées au chiffre des métairies qui le font faire.

couvre de filamens blancs, flexibles, très délicats, fort rapprochés, longs de seize centimètres, et d'une sorte d'efflorescence granulaire, qu'il faut enlever avec un couteau. Quinze jours après cette opération, on ôte le fromage de dessus les tablettes, pour gratter le nouveau duvet qui, du blanc a passé au bleu et même au verdâtre; tant que la couleur ne se montre pas rouge, on recommence le grattage; mais à peine se manifeste-t-elle, le fromage est fait et bon à être livré de suite aux consommateurs.

Ainsi, les autres différences remarquées en la manipulation des fromages de Roquefort, consistent 1° dans leur séjour au sein des grottes, qui empêche la fermentation putride à l'époque de l'apparition des moisissures; 2° dans la petite dose de sel employée, quand le fromage a déjà éprouvé une forte dessiccation, ce qui fait que, au lieu d'être un condiment, le sel devient un ferment actif, modéré par la température infiniment basse des grottes, et par le grattage successif que subissent les diverses faces du fromage; 3° et dans le commencement de fermentation putride maîtrisée à tems pour ne servir qu'à développer des qualités utiles et agréables.

Une fraude qu'il importe de dénoncer, est le mélange de pain moisi, réduit en poudre, avec la pâte, afin de hâter le persillage. On altère de la sorte la qualité du fromage, on nuit nécessairement à la santé de ceux qui le mangent, et c'est un moyen de ruiner promptement l'antique réputation du Roquefort.

A la Roche-de-Roanne, département de la Loire, on fait un fromage que l'on vend dans le pays pour du vrai Roquefort. Il est petit, gras, à côte rougeâtre, de forme ronde, et épais de dix à quatorze centimètres comme le Roquefort ; mais il ne pèse qu'un kilogramme, tandis que celui-ci va de deux à quatre kilogrammes. Et puis, il faut, pour le manger bon, le choisir nouveau et mollet.

FROMAGEON. — Les petits fromages, appelés vulgairement *fromageons* et *froumageots*, se fabriquent aux environs de Montpellier et dans un grand nombre d'autres communes du département de l'Hérault. Ils sont faits avec du lait de brebis, après quatre mois qu'elles ont mis bas, au moment que l'on sèvre l'agneau. La traite se fait d'abord une seule fois le jour, puis deux fois dès que le lait devient plus gras et plus abondant. On met ce lait en des pots de grès, où l'on jette de suite la présure (1), et tenus au frais; une fois le caillé bien pris, on le brise, à l'aide de la main ou d'une cuiller percée ; on l'enferme dans des éclisses de grès , et quand il est bien égoutté et qu'il a pris sa forme, on le met dans

_____

(1) On la prépare avec l'estomac des cochons mâles seulement, que l'on sale ; on le remplit de poivre, de coriandre et autres épices, et on le met à macérer dans du vin blanc ou du vinaigre. Il faut quatre estomacs de porcs pour neuf à dix litres de vin ou de vinaigre.

une caisse plusieurs ensemble. Quand on veut les affiner, on les retire de la caisse, on les trempe dans une
eau légèrement salée jusqu'à ce qu'ils soient assez hu-
mectés ; on les laisse égoutter un instant, on les frotte
l'un après l'autre avec un peu d'eau-de-vie et quelques
gouttes de bonne huile d'olive, puis on les dépose dans un
pot de grès que l'on tient hermétiquement clos. Au bout
de quelques mois on peut les vendre.

Ces fromages, qui rappellent ceux de la Guyolle, de
la Ferté-Bernard et le Stofé d'Avesne, deviennent infiniment plus délicats quand, au lait de brebis, l'on en
additionne de chèvre.

§ III. FROMAGES DE LAIT DE CHÈVRE. —Quoique tous
les fromages faits avec le lait de chèvre se nomment
cabrilloux et *chabrillons*, dans les départemens du Puy-
de-Dôme et du Cantal, les meilleurs, les plus accrédités viennent du Mont-d'Or, département du Rhône.
Cette montagne, en cône tronqué fort escarpé, dont le
sommet a un bon myriamètre de circuit, a été successivement appelée Roche-d'Or, Rocher-Haut, et en dernier lieu, Mont-d'Or. On y jouit d'une très belle vue ;
on se trouve près d'une forêt de sapin, au milieu d'une
vaste prairie où dominent les plantes aromatiques qui
embaument l'atmosphère, tandis que l'œil embrasse les
Alpes et le Jura, plusieurs villes, les lacs d'Yverdun,
de Genève et ceux des Charbonnières, le Rhône et la
Saône. Au pied de ce vaste plateau, vivent de vingt à

trente mille chèvres et de superbes troupeaux de vaches fécondes ; on fabrique dans les douze communes situées sur cette montagne, ces petits fromages très délicats, que le commerce vend dans des petites boîtes en sapin mince, rondes et semblables à celles destinées à contenir des dragées. Aussitôt que le caillé est formé, on le dépose en ces boîtes, garni d'un linge bien blanc et fin, sur de la paille fraîche que l'on renouvelle souvent ; le petit-lait s'écoule, et une fois affaissé, le caillé se sale en été, une demi-heure après l'écoulement du petit-lait, et on le retourne cinq et six fois par jour ; en hiver, au contraire, l'on attend deux heures, et on retourne plus souvent. Dans l'une et l'autre saison, on le conserve à une température fraîche, en des paniers de paille ou de jonc à claire-voie, suspendus au plancher au moyen d'une poulie. On affine le fromage devenu consistant, ayant pris la forme qu'il doit conserver, en l'humectant avec du vin blanc, en le couvrant de tiges feuillues de persil, et en le plaçant entre deux assiettes, que l'on renverse chaque jour.

Les plus parfaits proviennent du lait de chèvre seul. La cupidité les dénature, en y joignant du lait de vache ou de brebis ; quel bon que soit le lait de ces deux ruminans, il est constant que leur alliance avec le lait de chèvre, ôte à ce dernier la prédominance de son arôme flatteur, et les propriétés moins relâchantes ou même un peu toniques que n'ont pas les deux premiers.

FROMAGE DE SASSENAGE — Une manutention particulière permet d'unir ces trois sortes de lait dans la fabrique des fromages très réputés des bourgades de Sassenage et d'Oisans ; de Sassenage, dont le site enchanteur, les cascades, les grottes et les délicieux paysages laissent dans l'esprit du voyageur des souvenirs qui ne s'effacent point ; d'Oisans, dont le vaste bassin longtems converti en lac profond, fut rendu à la culture le 15 septembre 1219, par la rupture de la digue naturelle formée par l'éboulement des montagnes de Vaudaine et de l'Infernay. C'est là que, en 1807, rentrant dans ma patrie, après de longues excursions en Italie et en Grèce, j'allai étudier les méthodes suivies pour la préparation de ces fromages, comparés par Parmentier, au miel des Cévennes, dont la blancheur et l'excellence sont dues à l'union de plantes de différentes familles sur lesquelles les abeilles vont butiner. J'étais alors accompagné d'une épouse que je regretterai toujours, quoique je la retrouve incessamment dans les vertus, le noble cœur et les affectueux soins de ma fille bien aimée.

Le lait de vache, de brebis et de chèvre, à peine tiré de la mamelle, est versé dans un chaudron et mis sur le feu, jusqu'au moment où il commence à monter, qu'on le dépose dans des tinettes pour y donner sa crème, laquelle se remplace par une même quantité de lait chaud sortant du pis de la vache ou de la brebis, mais mieux encore, fourni par la chèvre ; on ajoute la

présure en raison de la masse totale du lait , et on remue le tout jusqu'à ce que celle-ci soit entièrement
caillée. Pour en faire sortir le petit-lait, on brasse le
caillé de bas en haut, puis on le met à égoutter en des
moules en bois percés de trous ; trois heures après, l'on
pose sur ces premiers vases d'autres éclisses de même
forme et grandeur, et on les retourne vivement sens
dessus dessous, pour faire passer le fromage de l'un dans
l'autre. Cette opération se répète pendant trois jours.

Le fromage ayant pris sa forme et de la solidité, l'on
saupoudre de sel la partie supérieure, et lorsque cette
substance est fondue, l'on sale de même le dessous et
les côtés. Quand les fromages ont bien pris le sel, on
les place sur des planches tenues très propres, en obser-
vant qu'elles ne soient point de bois résineux, la pâte
étant susceptible d'en contracter l'odeur pépétrante. On
les retourne soir et matin en les changeant de place, de
peur que l'humidité qu'ils laissent après eux ne les pousse
à moisir. Ce travail se continue exactement, tant qu'ils
ne sont pas bien secs et qu'ils n'ont point pris la couleur
rouge, signe de leur perfection. Arrivés à ce point, on
les met à terre sur un lit de paille, on les retourne chaque jour, après les avoir parfaitement nettoyés et purgés
des larves et des insectes qui les recherchent avidement.
Si les fromages sont demeurés fort secs, ce qui prouverait
que le lait a été trop écrèmé, l'on doit les envelopper de
foin tendre, humecté de tems en tems avec de l'eau tiède,

et les tenir dans une cave très fraîche et même un peu humide.

§ IV. FROMAGES MÉLANGÉS.—Nous nommerons ainsi tout fromage dans lequel le lait entre pour moitié, l'autre étant fournie par des substances végétales. C'est une variété que le luxe et la délicatesse de la table ont fait naître. Les mets simples du pauvre n'obtiennent accès chez les riches et les gastronomes, qu'en revêtant une robe étrangère, qui change leur aspect et souvent les dépouille de leurs qualités essentielles. C'est ainsi que le fard et les autres cosmétiques dont les femmes font usage pour tromper des yeux inexpérimentés, dévorent les graces de la nature, et, loin de réparer les outrages du tems, ils les aggravent. Cédons au délire du goût, et faisons connaître les procédés employés, dit-on, depuis neuf siècles, pour faire des fromages mélangés. Leur grande vogue date seulement pour la France, des premières années du XVIe siècle (1).

FROMAGE AUX HERBES. — Le caillé, obtenu selon la méthode ordinaire, on le presse bien pour le débarrasser le plus possible du petit-lait, puis on le mêle ici avec de la poudre fine de mélilot bleu, *melilotus cœrulea ;* du cumin ou du fenouil comme dans nos Vosges; là, comme à Hervé en Belgique, en hachant très menu des feuilles

(1) Grégoire, *Essai historique sur l'état de l'agriculture en Europe, au seizième siècle,* p. 155 ; in-4. Paris, 1804.

de persil , *apium petroselinum* , d'estragon , *artemisia dracunculus* , et de ciboulettes , *allium schœnoprasum* (1) ; ailleurs, comme dans le canton de Glaris en Suisse, c'est un mélange de plantes aromatiques , tels que le thym , le serpolet , la sauge , le souci , etc. (2) ; ou bien, comme en Angleterre , on presse chaque jour le caillé entre deux lits de feuilles fraîches d'ortie grièche, *urtica urens* (3). Les anciens Romains se servaient plus particulièrement du thym réduit en poudre. On pétrit le tout, de manière à présenter une pâte très unie, à laquelle on donne , au moyen d'un moule , la forme carrée ou ronde. On met à sécher sur une claie d'osier, garnie de paille de seigle bien choisie; après un tems plus ou moins long, on porte à la cave, où ce fromage se fait en peu de semaines , après avoir reçu une très légère couche de sel. Il s'élève alors à sa surface un duvet qui dénonce la moisissure de la croûte ; on a grand soin de l'enlever, au moyen d'une brosse trempée dans de l'eau addition- née d'une petite quantité d'ocre rouge (4). Cette opé- ration se répète deux et trois fois, et c'est ordinaire-

(1) Une forte pincée de chacune pour un kilogramme de caillé.

(2) Dans la quatrième partie, p. 157 et suiv. des *Mémoires de la Société économique de Berne* , pour l'année 1766, on trouve une note sur ce fromage qu'on appelle à Glaris *Schaapzieguer*. Il a un goût très fort.

(3) Chaque lit doit avoir trente millimètres d'épaisseur.

(4) Terre meuble , composée d'argile et d'oligiste dans des pro- portions très variables, se délayant dans l'eau.

ment, après un séjour de trois mois à la cave, que les fromages ainsi mélangés peuvent être servis sur les tables.

Ceci s'applique uniquement aux trois premières sortes, les fromages aux orties ne doivent point quitter le lit épais de feuilles qui les enveloppe , que le seul instant de son renouvellement journalier , et qu'on les frotte avec une poignée d'autres orties également fraîches ; au moyen de cette double attention , vingt jours après, ils deviennent un manger frais, délicat , flatteur ; mais ils ne sont pas d'une bien longue garde , ni faciles à transporter , tant ils coulent aisément.

FROMAGE AUX POMMES DE TERRE. — En 1782 , on commença, sur les bords du Rhin, à faire des fromages de pommes de terre ; depuis lors l'usage s'est répandu dans nos départemens du Nord-Est et en diverses régions de l'Allemagne. Ils méritent la bonne réputation dont ils jouissent.

On choisit à cet effet les tubercules les plus farineux, à chair légèrement veinée , de la variété dite *patraque blanche ;* on les met à bouillir, puis on les pèle et on les réduit en pâte sous un rouleau ou dans un mortier. Plus la pulpe est fine, meilleur est le fromage qu'on en obtient. Mise à ressuyer durant une heure , on la pèse, et sur deux kilogrammes et demi de solanée parmentière, on verse, chez les uns, un demi-kilogramme de lait aigri, chez les autres, on met une égale quantité de caillé frais, (provenant du lait de vache, de brebis ou de chèvre, n'importe), doux et non écrémé; du tout on forme une pâte d'une certaine consistance que l'on assaisonne, les premiers, d'une quantité convenable de sel; les seconds, de sel, de poivre et d'aromates (tels que gérofle, cannelle, laurier, etc.) réduits en poudre fine, que l'on pétrit de nouveau pour opérer un parfait mélange; on le couvre et on le place ensuite en un lieu dont la température se trouve un peu élevée, afin d'amener une prompte et cependant légère fermentation. Vingt-quatre heures suffisent en été; il faut en hiver trois et quatre jours pour obtenir cet état; on pétrit encore une fois et l'on dépose le fromage en des corbeilles de jonc pour qu'il s'égoutte. Six ou huit jours plus tard, selon la saison, on enlève de dedans les corbeilles, on laisse le fromage sécher, se reposer et se faire durant une quinzaine. A mesure qu'il vieillit, il acquiert plus de qualité, il se digère mieux et convient davantage à tous les estomacs.

CHAPITRE XIII.

—

Rien n'est perdu dans une laiterie bien organisée, tout trouve un utile emploi, tout devient un moyen de la rendre de plus en plus lucrative, par conséquent florissante. On va en acquérir la preuve dans ce qui nous reste à dire ici.

Azi ou aisy. — Petit-lait fermenté ou aigri dont on se sert, sur les Chaumes et sur les Alpes, pour faire cailler le lait. On l'emploie aussi comme purgatif pour les vaches. Cet acide, bien soigné et tenu dans des bouteilles de verre ou des vases de grès, remplace la présure ; on le préfère aux liqueurs spiritueuses ou alcooliques. Son effet est plus prompt. Dans les Cévennes on le nomme *grappe*. Je l'ai vu employé par les markaires, pour assaisonner les salades, les fritures et leurs excellentes truites.

Boisson fermentée obtenue du lait. — Je dois revenir sur cet objet que j'ai, exprès, à peine effleuré en parlant du lait de jument au chap. VI, pages 84 et 85. Le *koumys* des Tatars, le *guuna-tchigan* des Kalmuks, préparés avec le lait pur de jument ; le *besrek* des Kosaques, obtenu du lait de jument mêlé par égale portion à du lait de vache, ainsi que l'*airck*, qu'ils retirent du lait de vache aigri, donnent des boissons spiritueuses dont ces peuples se gorgent outre mesure. Les deux premières, quand l'opération est faite avec propreté, sont saines, rafraîchissantes et moussent à un degré remarquable. Le lait de vache, au contraire, non seulement à cause des matières caséeuses qu'il conserve, mais encore pour son goût repoussant de ciboule, *allium fissile*, devient, à mesure qu'il s'aigrit, fort désagréable à boire, et détermine chez ceux qui n'y sont pas habitués, des coliques et des diarrhées aiguës.

Pour avoir ces boissons, on met chauffer le lait aussitôt qu'il est trait, et lorsqu'il est prêt à monter, on le verse dans une grande outre, *orrot*, où se trouve toujours un reste de lait aigri suffisant pour amener en peu d'instans au même état celui qu'on y verse; on agite avec un bâton, *billur*, et bientôt toute la masse a subi la modification vineuse. Le lait de jument est plus spiritueux; celui de vache donne moins d'alcool, surtout l'hiver, lorsque le fourrage est sec; autrement, il est autant susceptible de passer à la fermentation vineuse que le lait de jument, comme l'observèrent fort bien Deyeux et Parmentier, il y a plus d'un demi-siècle, et comme le prouvent les Lapons de tems immémorial.

Les boissons des peuples Tatares ne sont guère propres à satisfaire l'œil et le goût d'un Français, quand on voit que, d'après la loi du grand Tchinghiz, mentionnée par Aboulghazi, et devenue, pour les tribus Mongoles, un usage sacré, jamais on ne lave les tasses ni les autres vases : on les essuie simplement avec de l'herbe ou bien avec un morceau de feutre (1).

BROCOTTE et BRAOTTE. — Ce que l'on nomme ainsi dans les Vosges, et qui fait la base de la nourriture des markaires, ainsi que le régal de ceux qui vont visiter leurs petites manufactures, est le *serai* du Jura et de la Suisse, le *ceracee* des Savoyards, la *ricotta* des Romains. J'en parlerai plus bas, page 246, au mot serai.

FROMAGE SOLUBLE. — Matière d'un blanc-jaunâtre, demi-transparente, d'une saveur fade et assez semblable à de la colle de poisson (2), retirée du fromage blanc, fait avec du lait écrémé que l'on a mis à bouillir pendant quelque tems, et qui, contracté sur lui-même, présente une masse gélatineuse élastique, nageant dans une grande quantité de petit-lait. Lavée à l'eau bouillante, cette masse est remise au feu avec une quantité suffisante d'eau, et unie à cinquante grammes de bi-carbonate de potasse, ou simplement de potasse ou de soude du commerce, sur un kilogramme et demi de caillé. La dissolution a lieu avec effervescence ; il en ré-

(1) Voyez le Mémoire de Pallas sur les tribus Mongoles, et le Voyage de B. Bergmann chez les Kalmuks.

(2) Substance inodore composée de lambeaux agglutinés et tordus de la vessie natatoire des poissons, surtout de celle des esturgeons.

sulte une liqueur mucilagineuse, que l'on fait évaporer en l'agitant continuellement, afin d'empêcher les pellicules de se former à sa surface, et pour qu'elle ne brûle pas au fond du vase. On obtient une pelotte qui, en commençant à se refroidir, prend de la consistance et se présente en forme de membrane sous les doigts qui la tirent. On la divise pour la faire sécher, et on la met à cet effet sur une claie ou sur un tamis de crin. La matière obtenue se dissout entièrement dans l'eau froide ou bouillante, et produit un liquide émulsif dont l'aspect lactiforme, dû à la présence d'une petite quantité de beurre, semble-rait faire croire que le lait est régénéré.

De même que la gélatine, le fromage soluble se con-serve sans éprouver d'altération; il revient à très bas prix, et, associé de diverses manières aux alimens, il présente une ressource précieuse dans les voyages de long cours; sa solution aqueuse, sucrée et aromatisée avec un peu d'écorce de citron, est excellente pour les convalescens, et sert d'heureuse transition du régime vé-gétal au régime animal. Cette préparation possède à un haut degré la faculté de coller, de donner du lustre et de la consistance aux étoffes de soie, etc. Avec ou sans le noir animal, elle clarifie les sirops, etc.

LACTOLINE. — Après avoir examiné simultanément le fromage soluble de Braconnot (1), et considéré les di-

(1) *Mémoire sur le caséum et sur le lait*, pag. 338 à 342 du tom. XLIII des Annales de chimie et de physique, 1830.

verses analysés du lait, qui toutes nous montrent que, sur dix parties de lait, il y en a neuf d'eau et une seule solide plus ou moins, qui fait l'essence de cette liqueur; le docteur Grimaux, de Caux, en 1835, est parvenu, par l'application rationnelle des conditions d'un phénomène physique qui se passe presque tous les jours sous nos yeux (1), à donner au lait une forme nouvelle en le transformant en une substance homogène, de consistance mielleuse, en même tems qu'elle lui conserve, dans leur pureté, toutes ses propriétés : c'est ce qu'il a nommé *lactoline*.

Délayée dans une quantité d'eau égale à celle qu'on a soustraite au lait dont elle provient, la lactoline reproduit ce liquide comme il sort de la mamelle ; il donne à volonté du beurre, du caséum et des sels. Il y a plus, si l'on opère la dissolution avec de l'eau élevée à la température de la chaleur animale, l'arôme qui s'en dégage rappelle parfaitement, par son odeur, le parfum original du lait frais; on ne distingue plus le lait reconstitué d'avec le lait primitif. De la sorte, on peut se procurer sans la moindre altération le lait de tous les animaux et de tous les pays, on n'a plus à craindre pour

(1) Celui que présentent les rues pavées de nos villes quand, après une pluie d'orage, un vent rapide s'élève et les sèche en très peu de tems. Cette rapidité d'évaporation a lieu, même en dehors de l'influence solaire, aussi bien à la partie exposée au Midi, que sur celle située au Nord.

les malades , pour les jeunes enfans, pour les voyageurs, et les marins, au milieu de leurs courses lointaines, de le voir se décomposer et perdre ses principes constituans, généreux , alimentaires. Une mère , dont la frêle constitution ou chez qui une suppression trop brusque du lait ne permettrait pas de remplir tous les devoirs de la maternité, n'aura plus besoin de recourir au sein d'une mercenaire ; elle donnera elle-même , sans se fatiguer , un lait excellent à son enfant, qu'elle verra croître et prospérer par ses propres soins. La lactoline, des hauteurs de la science , est aujourd'hui descendue dans le domaine de l'industrie.

PEINTURE AU LAIT. — Avec quatre litres de lait écrémé ou bien de ce lait aigri que l'on jette ordinairement , l'on peut se procurer une peinture bonne, solide et durable, susceptible de s'employer à l'intérieur, ainsi qu'à l'extérieur des habitations , des étables et des autres bâtimens de la basse-cour. On en doit l'invention à Cadet de Vaux. Elle date de 1803. Dans une partie suffisante de lait , on délaie 25 décagrammes de chaux vive, récemment éteinte ; on en fait une bouillie claire qu'on décante, après le moment de repos nécessaire pour laisser précipiter le sable adhérent à la chaux , et n'avoir que la portion la plus divisée demeurée en suspension dans le lait; on reverse un peu de ce dernier liquide sur le dépôt, afin de ressaisir la chaux atténuée qui se serait précipitée par un repos trop prolongé , et l'on additionne douze décagrammes d'huile de lin, de noix ou d'œillette, en agitant avec une spatule de bois. L'huile disparaît en tombant en un petit filet ; elle s'unit à la chaux, qu'elle convertit en une sorte de savon calcaire que le surplus du lait dissout. L'huile étant ainsi combinée avec les deux substances nommées, on verse doucement dessus un kilogramme et demi de blanc de Meudon, bien pulvérisé, et comme on doit remuer constamment avec la spatule, le tout s'amalgame et donne une peinture, qui coûte au plus 60 centimes pour 20 mètres de surface en première couche, et 40 mètres en seconde couche (1).

Un an plus tard, Cadet de Vaux, des notes duquel j'extrais ce procédé, voulut rendre la peinture au lait plus économique encore ; il imagina donc le nouveau procédé suivant, lequel réduit au prix d'un centime les trois mètres carrés. Voici sa recette : un demi-kilogramme de pommes de terre cuites à la vapeur, pelées, écrasées encore brûlantes, se délaient dans deux litres de lait aigri chaud ; on passe à travers un tamis de crin pour enlever les grumeaux, et pour rendre la solution

____

(1) Si l'on veut vernir cette dernière couche, on met à dissoudre sur un litre d'eau de rivière, 25 grammes du savon le plus fin et autant de cire blanche ; on place le tout en un vase vernissé sur des cendres chaudes, lorsque ce vernis est refroidi on l'applique, puis on frotte avec une brosse douce et ensuite de la soie ; pour avoir le brillant qui répond à la solidité. L'on comprend que le prix de revient est alors plus cher.

plus complète, on remet sur le feu jusqu'au moment de l'ébullition. La pomme de terre bien fondue, on ajoute un kilogramme de blanc de Meudon de première qualité, préalablement détrempé dans les deux autres litres de lait aigri ; l'on mêle bien et on applique sur les murs, sur les bois, une ou deux couches. Cette peinture est d'un beau blanc ; avec du charbon porphyrisé, elle devient grise ; avec de l'ocre jaune, elle prend la couleur naturelle de la pierre.

SERAI et SERET. — Second produit du lait employé à la fabrication du fromage. Cette matière, très blanche dans le principe, passe au blanc-grisâtre au bout de quelques heures ; on l'obtient quand le liquide, en pleine ébullition, reçoit successivement une certaine quantité de syrte froide, et enfin de l'azi ; elle paraît sous forme d'une écume blanche qui, par la cuisson, devient une pâte divisée en matons plus ou moins forts, mais se rapprochant par le refroidissement, et présente une masse cohérente. Le serai, quoique plus maigre que le fromage ordinaire, n'en est pas moins un bon aliment à la portée de tous. Au voisinage des villes, on le vend frais, et alors il paraît, assez souvent, avec et sans apprêt et sous diverses formes, sur la table des riches. Dans le Jura, on le comprime entre quatre ancelles ou lames minces en sapin, pour le saler et le garder une année, quelquefois même plus long-tems. On le sale en une seule fois, avec une quantité de sel calculée à raison de la vingtième partie du serai, puis on le dépose dans la cheminée, où il achève de se sécher, ce qui est nécessaire pour assurer sa conservation. J'ai dit qu'il fournissait un bon aliment : il a beaucoup d'analogie avec certains fromages quand il est sec, et se digère très facilement ; il soutient très bien les forces des ouvriers de la campagne pendant la saison des grands travaux. Cette sorte de fromage est appelée *schigre* dans les Vosges.

Syrte. — La syrte est une liqueur limpide, verdâtre, transparente, que l'on confond avec le petit-lait. Quand, après l'avoir clarifiée, on l'abandonne à elle-même, durant quelques jours et en un lieu dont la température est à 19 degrés centigrades, elle devient trouble, acidule, et le serai qu'elle contient se sépare en partie sous forme de petits flocons ; l'expose-t-on à la température de l'eau bouillante, elle se montre blanche et opaque ; on la nomme alors *lait de fromage*. Si, continuant l'ébullition, on ajoute à ce produit un peu de vinaigre ou de présure, on obtient le *serai*. Il reste un fluide clair, c'est le véritable *petit-lait*.

Vinaigre de lait. — Ce vinaigre, d'une grande utilité pour les habitans des pays abondans en pâturages et privés de fruits, se fait, d'après les procédés du chimiste Schéelle, en un vase de grès de la contenance de six litres de lait écrémé, sur lequel on jette six cuillerées à bouche de bonne eau-de-vie, que l'on enferme hermétiquement et que l'on tient dans un lieu chaud, mais il faut avoir la précaution de les ouvrir de tems en tems, tous les cinq à six jours par exemple, pour donner, durant quelques instans, issue au gaz acide carbonique qui s'y forme très vite et en abondance. Après un mois de fermentation, le lait se trouve changé en un excellent vinaigre, qui, passé à travers un linge, peut être employé, ou conservé dans des bouteilles de verre. En mettant plus d'eau-de-vie dans le lait, on le coagulerait.

On peut aussi se servir du petit-lait, comme cela se pratique en diverses localités, mais au lieu de présure ou de miel acidulé, il faut recourir à l'alcool, et en verser cinq cuillerées sur huit litres de petit-lait.

CHAPITRE XIV ET DERNIER.

EXPLICATION DES FIGURES.

Quand on considère attentivement les planches qui accompagnent les différens ouvrages qui traitent plus ou moins succinctement de la laiterie, on ne peut s'empêcher de remarquer, à partir du traité de Scheuchzer et des deux mémoires de notre savant Desmarets, que les artistes, dessinateurs et graveurs, auxquels on en a remis la confection, ont pris un méchant plaisir de dénaturer, à l'envi les uns des autres, tous les instrumens employés aux diverses préparations qui se font dans cette partie intéressante des opérations rurales et industrielles. Sous le spécieux prétexte de ne point s'être copiés servilement, comme s'il s'agissait de choses que l'on peut voir à son gré sous un aspect différent, ils ont rendu les outils et instrumens méconnaissables, et mis les personnes dans l'impossibilité de les construire ou de s'en servir pour modifier ceux en usage dans leurs localités.

Voulant éviter un semblable reproche et servir utilement les cultivateurs et les propriétaires ruraux, auxquels j'ai consacré la majeure partie des études de ma vie, les outils et instrumens que je n'ai point observés et employés par moi-même, et fait dessiner sur les lieux en ma présence, je les ai fait revenir pour les avoir sous les yeux en les décrivant et les représenter avec la plus sévère exactitude. On peut donc ajouter foi tout entière aux figures que je donne ici ; quiconque les comparera à celles gravées depuis 1704 jusqu'à ce jour, en appréciera la différence, en même tems qu'il sera à même de faire établir avec exactitude les articles qu'il leur empruntera.

Fig. 1. — Plan d'une étable saine et confortable ; a, emplacement pour une vache ; il a un mètre et demi de large, sur trois de long ; b, crèche d'un mètre de de long, garnie de barreaux en bois dur, très lisses, espacés les uns des autres de dix centimètres : chacun de ces barreaux pivote sur lui-même ; *c*, mangeoire ; *d*, couloir pour le service du nettoyage, et pour l'entrée et la sortie des vaches ; *e*, autre passage pour fournir les fourrages et les bouées ; *f*, canal dans lequel l'inclinaison de chaque stalle conduit les urines et autres déjections : on balaie chaque jour ce canal, et on y fait couler de l'eau pour le désinfecter.

Fig. 2. — Galactomètre , ou pèse-lait de Cadet de Vaux.

Fig. 3. — Plan d'une laiterie ; A, porche ou hangar sous lequel se fait la traite ; B, salle de préparation du lait ; C, puits ou source dont l'eau pénètre dans deux des pièces de la laiterie ; D, chambre au beurre ; E, fromagerie ; F, dépôt des fromages , qu'il ne faut pas faire trop petit, afin d'y tenir les fromages assez distans les uns des autres. L'air frais et sec du mois de mai est le plus convenable au séchoir. On en ouvre les fenêtres la nuit et on les tient fermées durant le jour ; *a*, filet d'eau servant aux lavages et à entretenir la basse température de la salle de préparation ; *b*, porte d'entrée au Nord, qu'il faut tenir fermée et ouvrir doucement ; *c*, autre porte à l'Est qui doit être double et recouverte extérieurement de paille longue ; tant que durent les opérations de la laiterie proprement dite, elle doit demeurer hermétiquement close pour empêcher les vents de pénétrer ; on ne l'ouvre que lorsqu'il s'agit de nettoyer et d'aérer ; *d*, *e*,

f, g, banquettes en maçonnerie pour recevoir les terrines pleines de lait pendant la montée de la crème ;
h, étagère sur laquelle on place les vases et outils,
afin de les trouver et les saisir au moment où l'on en
a besoin ; *i,* grande table en pierre sur laquelle on
opère ; au-dessous le filet d'eau forme un bassin pour
le lavage, son écoulement a lieu en *q,* près la porte
c ; à l'endroit de la sortie est une toile métallique pour
empêcher tout passage aux insectes et petits animaux ;
j, k, l, tablettes pour les ustensiles de la chambre au
beurre ; *m,* table inclinée ; *n,* chaudière placée dans
une cheminée ; *o,* emplacement des barattes ; *p,* réservoir d'eau fraîche fournie par le filet *a,* que l'on
vide au moyen d'un robinet qui conduit l'eau dehors
q, et dont la sortie est, comme la précédente, munie
d'une grille à mailles étroites ; *r,* cheminée où se
trouve placée la chaudière et la potence de la fig. 16,
dont nous parlerons tout-à-l'heure ; *s,* emplacement
de la presse que nous verrons à la fig. 21 ; *t,* étagères
pour recevoir les ustensiles de la fromagerie ; *u,* table que nous retrouverons à la fig. 4 ; *v,* égouttoire ;
x, y et *z,* étagères pour recevoir les fromages pendant leur affinage.

Fig. 4. — Table en bois d'orme, de chêne ou en pierre
dure ; on la tient un peu inclinée sur le devant, pour
donner plus vite écoulement au petit-lait ou bien
aux eaux de lavage qui se rendent dans ses rainures.

Fig. 5. Seau à traire.

Fig. 6. — Sellette ; A, représente la plus commune ; B, celle des markaires ; elle est ronde, a un seul pied terminé par une pointe en fer qui entre dans le sol ; elle est fixée au corps du trayeur au moyen de deux courroies, dont une est armée d'une boucle.

Fig. 7. — Passoire en étamine, ou chausse que l'on suspend au moyen de deux bâtons passés dans les anneaux ménagés aux quatre angles.

Fig. 8. — Couloir en bois ou en ferblanc A (ceux-ci sont assez communs), qui se place sur les vases à crème, fig. 10, au moyen d'un cadre en bois B.

Fig. 9. — Terrine en bois en usage sur les Chaumes et les Alpes, comme plus facile à transporter, lors de la montée et de la descente, que les terrines en terre ou en grès employées dans les plaines.

Fig. 10. — Tinette, baste ou tinotte, où l'on dépose le lait après la traite, pour avoir la crème ; elle est en sapin, ainsi que le couvercle que l'on place dessus pour empêcher le contact de l'air ; elle a deux anses ; on laisse couler le lait écrémé par le robinet.

Fig. 11. — Batte à beurre A, munie à son extrémité inférieure d'un trou, fermé par une bonde en bois, pour évacuer le petit lait ; B, bâton qui porte en son milieu C, le couvercle mobile de la machine, et à sa partie inférieure D, la rondelle, percée de trous, que l'on nomme proprement le *bat-beurre*.

Fig. 12. — Serenne des Vosges, du Jura et des Alpes, A ; avec son moulinet B et son support C.

Fig. 13. — Serenne ou baratte vulgaire ; A, son chevalet ; B, le tonneau servant de baratte ; C, le moulinet qu'il renferme en son intérieur ; D , couvercle servant à fermer l'ouverture par laquelle on retire le beurre.

Fig. 14. — Grande baratte, ou baratte du Cotentin et de Flandres.

Fig. 15. — Baratte-Valcourt ; A , baquet rempli d'eau sur lequel pose le corps de la baratte B , vu de face , et B', en élévation et vu de côté ; celui-ci offre dans sa partie supérieure une ouverture C, que l'on ferme au moyen d'un couvercle D (vu de face), et E, (vu de côté); c'est par cette ouverture que l'on entre et sort l'agitateur F, que met en mouvement la manivelle et l'arbre qui le supporte G. En H , on voit un trou pour sortir le lait de beurre.

Les deux montans de la poignée du couvercle D et E sont percés d'un trou de quatre à six millimètres de diamètre ; c'est par là que sort l'air de la baratte, raréfié par la chaleur de l'eau du baquet et par le mouvement de l'agitateur F, que l'on voit de face.

Fig. 16. — Chaudière A , suspendue au bras d'une potence mobile B, que, à volonté , l'on avance et retire de dessus le feu.

Fig. 17. — Moussoirs, menoles, mésadoux ou fresniaux

pour diviser le caillé; l'un A, est muni de petits bâtons sortant sur chacune des faces ; l'autre B est formé par des cercles placés en face les uns des autres; — C troisième espèce de moussoir.

Fig. 18. — Baquet pour recevoir le lait écrèmé, ou bien le petit-lait.

Fig. 19. — Eclisse ou forme pour écouler le petit-lait que contient le fromage, et lui servir en même tems de moule. Elle est ouverte par des petits trous dans le fond et par de plus grands sur les côtés, pour faciliter la sortie du sérum. Les éclisses pour les fromages de Brie sont grandes , larges et très peu profondes ; il n'en est pas ainsi des autres. Par exemple : les formes de Sassenage sont rondes et hautes de dix à quatorze centimètres , tandis que pour le Vachelin , elles sont carrées et seulement hautes de 81 millimètres.

Fig. 20. — Moule ou fescelle. Il y en a de différentes formes. Ce sont des cercles de hêtre ou de sapin, ayant onze millimètres d'épaisseur sur 13 à 16 centimètres de large , et 1 mètre et demi de long ; ils sont composés de trois pièces, le fond *a*, la feuille qui est le cercle proprement dit *b*, et la guirlande *c*, qui glisse le long du cercle pour le serrer à volonté , et que l'on maintient en la liant à un morceau de bois *d*, par un simple nœud de corde.

Fig. 21. Presse aux fromages. Elle est composée d'une table *a* portée sur quatre pieds ; une rigole circulaire *b* environne l'endroit où se place *c*, le fromage en-fermé dans l'éclisse ou le moule, fig. 19 et 20. La planche supérieure *d* est mobile au moyen des mon-tans fixes placés à ses extrémités *e*; on la soulève par celles *f* qui s'arrêtent ensuite à l'aide d'une cheville; on abaisse et l'on charge de pierres *g*. A mesure que le fromage s'affaisse, le petit-lait s'écoule par la rigole circulaire *b* et tombe en *h* dans un baquet.

FIN DU MANUEL DE LA LAITERIE.

TOUL, IMPRIMERIE DE V^c BASTIEN.

BIBLIOTHEQUE ROYALE
I

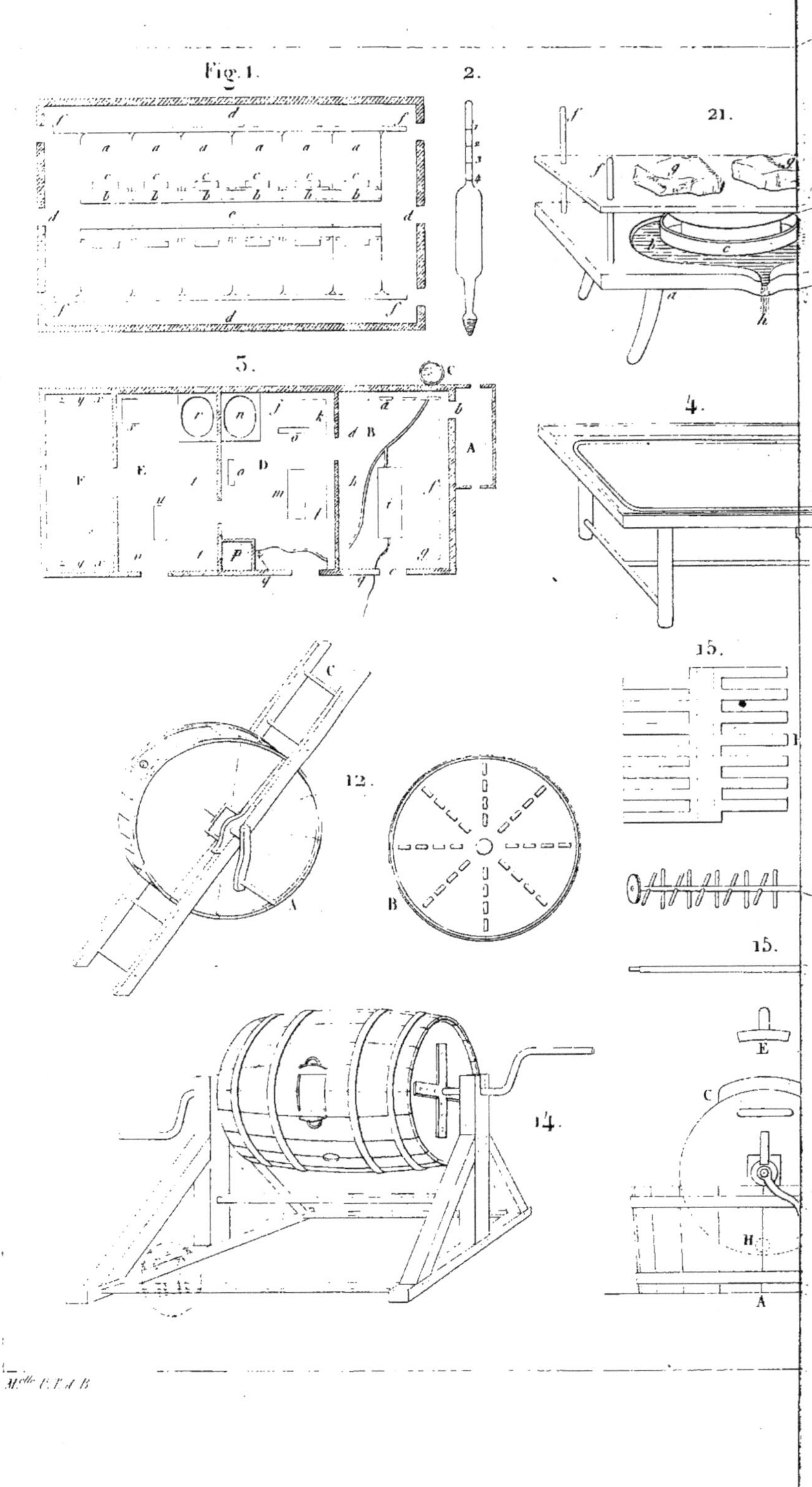

Fig. 1.
2.
21.
5.
4.
15.
12.
B
15.
E
C
14.
H
A
M.elle C.T.d.B.

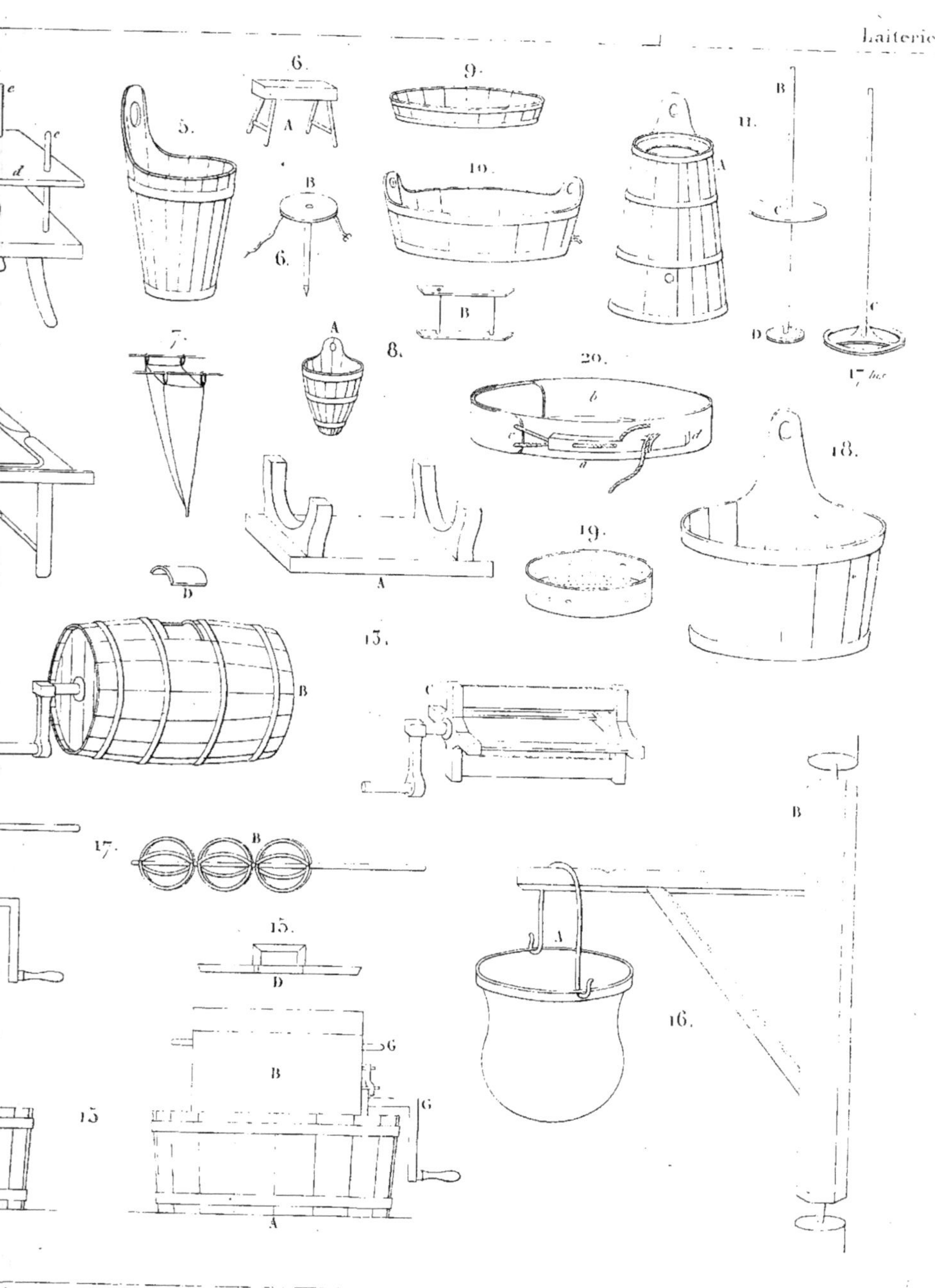
5.
6.
7.
8.
9.
10.
11.
12.
13.
14.
15.
16.
17.
17 bis.
18.
19.
20.
A B C D G
a b c d e